utb 5442

Eine Arbeitsgemeinschaft der Verlage

Brill | Schöningh – Fink · Paderborn
Brill | Vandenhoeck & Ruprecht · Göttingen – Böhlau · Wien · Köln
Verlag Barbara Budrich · Opladen · Toronto
facultas · Wien
Haupt Verlag · Bern
Verlag Julius Klinkhardt · Bad Heilbrunn
Mohr Siebeck · Tübingen
Narr Francke Attempto Verlag – expert verlag · Tübingen
Psychiatrie Verlag · Köln
Ernst Reinhardt Verlag · München
transcript Verlag · Bielefeld
Verlag Eugen Ulmer · Stuttgart
UVK Verlag · München
Waxmann · Münster · New York
wbv Publikation · Bielefeld
Wochenschau Verlag · Frankfurt am Main

#fragdocheinfach
Alle Bände der Reihe finden Sie am Ende des Buches.

Prof. Dr. Detlev Frick lehrt seit 2004 an der Hochschule Niederrhein im Bereich Wirtschaftsinformatik.

Prof. Dr. Jens Kaufmann ist Inhaber der Professur für Wirtschaftsinformatik, insb. Data Science an der Hochschule Niederrhein.

Dipl.-Kffr. (FH) Birgit Lankes ist Lehrkraft für besondere Aufgaben an der Hochschule Niederrhein.

Detlev Frick / Jens Kaufmann / Birgit Lankes

Big Data? Frag doch einfach!

Klare Antworten aus erster Hand

UVK Verlag · München

Umschlagabbildung: © bgblue, iStock
Abbildungen im Innenteil (Figur, Lupe, Glühbirne): © Die Illustrationsagentur
Autorenbild Frick: © privat, Autorenbild Kaufmann: © privat,
Autorenbild Lankes: © privat

Bibliografische Information der Deutschen Nationalbibliothek
Die Deutsche Nationalbibliothek verzeichnet diese Publikation in der Deutschen Nationalbibliografie; detaillierte bibliografische Daten sind im Internet über http://dnb.dnb.de abrufbar.

DOI: https://doi.org/10.36198/9783838554426

– ein Unternehmen der Narr Francke Attempto Verlag GmbH + Co. KG
Dischingerweg 5 · D-72070 Tübingen

Internet: www.narr.de
eMail: info@narr.de

Einbandgestaltung: siegel konzeption | gestaltung
CPI books GmbH, Leck

utb-Nr. 5442
ISBN 978-3-8252-5442-1 (Print)
ISBN 978-3-8385-5442-6 (ePDF)
ISBN 978-3-8463-5442-1 (ePub)

Inhalt

Vorwort

Bekanntermaßen wohnt jedem Anfang ein Zauber inne. Das gilt für Innovationen, die die Welt verändern, ebenso wie für Begriffe, die sich kurze Zeit später als Hype erweisen.

Big Data sortiert sich, soviel können wir heute sagen, irgendwo dazwischen ein. Daten, ihre Verarbeitung und ihr Nutzen sind nichts Neues – Big Data ist als Konzept aber auch sicher kein reiner „Hype" geworden. In unserer Tätigkeit an der Hochschule, unseren Praxisprojekten und allen anderen Aktivitäten rund um dieses Themenfeld begegnen uns interessante, nützliche und spannende Fragestellungen und Lösungen.

So umfangreich und unterschiedlich Daten sein können, so facettenreich kann das Themengebiet betrachtet werden. Daten müssen erhoben, gespeichert und analysiert werden. Ihre Verarbeitung muss betriebswirtschaftlich gerechtfertigt sein. Die Werkzeuge dazu unterliegen einem ständigen Veränderungsprozess und auch organisatorische und rechtliche Rahmenbedingungen können komplex und abschreckend wirken.

Wir möchten unseren Leserinnen und Lesern einen einfach zugänglichen Einstieg in die Thematik bieten. Wir führen und fassen Wissen zu Big Data zusammen und bieten, dort wo es angebracht ist, vertiefende Informationen und Anregungen zur weiteren Recherche. Bei der Lektüre wünschen wir neben hoffentlich neuen Erkenntnissen, dass Sie das Thema genauso spannend finden wie wir und am Ende des Buches „mehr" wissen, „noch mehr" wissen möchten und gleichzeitig feststellen, dass selbst bei Big Data gilt: Viel hilft nicht immer viel.

Mönchengladbach, im Sommer 2023
Detlev Frick, Jens Kaufmann und Birgit Lankes

Genderhinweis | Die Autoren verzichten auf verkürzte Formen zur Kennzeichnung mehrgeschlechtlicher Bezeichnungen im Wortinneren und verwenden in der Regel das generische Maskulinum.

Was die verwendeten Symbole bedeuten

Toni gibt spannende Literatur- und Onlinetipps und er geht auf Beispiele ein.

Die Glühbirne zeigt eine Schlüsselfrage an. Das ist eine der Fragen zum Thema, deren Antwort unbedingt lesenswert ist.

Die Lupe weist auf eine Expertenfrage hin. Hier geht die Antwort ziemlich in die Tiefe. Sie richtet sich an alle, die es ganz genau wissen wollen.

Wichtige Abkürzungen

ACID | Atomicity, Consistency, Isolation, Durability
ADAPT | Application Design for Analytical Processing Technologies
BA | Business Analytics
BDSG | Bundesdatenschutzgesetz
BfDI | Bundesbeauftragter für den Datenschutz und die Informationsfreiheit
BI | Business Intelligence
BIA | Business Intelligence & Analytics
CAP | Consistency, Availability, Partition Tolerance
CCPA | US-Datenschutzrecht
CRM | Customer Relationship Management
CRUD | Create, Read, Update, Delete
DSGVO | Datenschutz-Grundverordnung
ELT | Extract, Load, Transform
ERM | Entity Relationship Model
ERP | Enterprise Resource Planning
ETL | Extract, Transform, Load
GDPR | General Data Protection Regulation
IoT | Internet of Things
KI | Künstliche Intelligenz
MERM | Multidimensional Entity Relationship Model
NoSQL | Not Only SQL
RoI | Return on Investment
SQL | Structured Query Language
t-SNE | t-distributed stochastic neighbor embedding
TPU | Tensor Processing Unit

»Big Data wächst und wächst!«

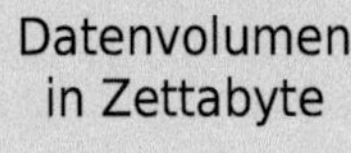

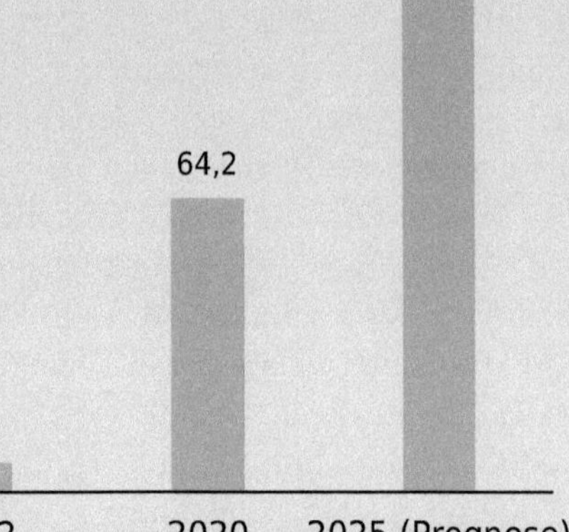

Volumen der jährlich generierten/replizierten digitalen Datenmenge weltweit

in den Jahren 2012, 2020 und Prognose für 2025

Quelle: https://de.statista.com/statistik/daten/studie/267974/umfrage/prognose-zum-weltweit-generierten-datenvolumen/

Kilobyte (KB)	1024 Byte
Megabyte (MB)	1024 KB
Gigabyte (GB)	1024 MB
Terabyte (TB)	1024 GB
Petabyte (PB)	1024 TB
Exabyte (EB)	1024 PB
Zettabyte (ZB)	1024 EB
Yottabyte (YB)	1024 ZB

Das weltweit wachsende Datenvolumen erfordert auch immer größere **Maßeinheiten** für Daten. Diese sollte man kennen.

„Daten sind eine wertvolle Sache
und halten länger als die Systeme selbst.“

Tim Berners-Lee

britischer Physiker und Informatiker
Entwickler von HTML | Begründer des Word Wide Web

Informationen werden digital mithilfe eines **Binärcodes** (0 und 1) abgebildet und verarbeitet.

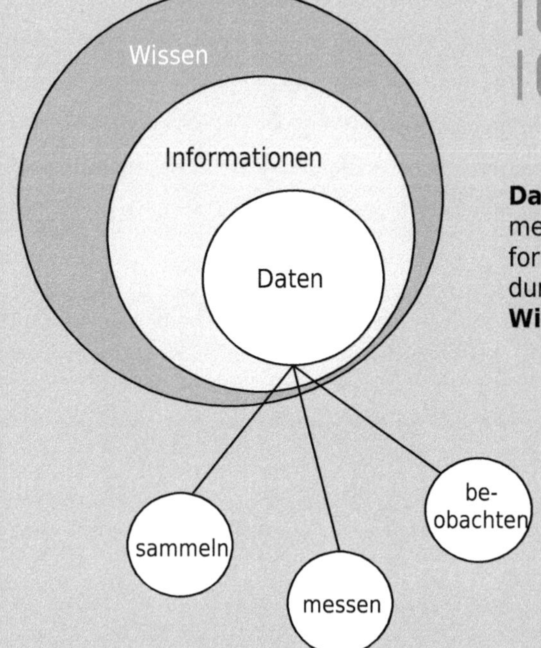

Daten entstehen durch sammeln, messen und beobachten. Sie bilden formal **Informationen**, die wiederum durch Kontext bzw. Transformation **Wissen** bilden.

Zahlen und Fakten zu Big Data

„Es gibt drei Arten von Lügen: Lügen, verdammte Lügen und Statistik.“[1]

Zahlen und Fakten zu Big Data sind ein schwieriger Start in ein Thema, das von Daten beherrscht wird, die so *groß*, so *big* sind, dass sie eigene Bücher verdienen. Jegliche Statistiken, die aufzeigen, wie viele Daten pro Minute erzeugt, gespeichert, analysiert oder über das Internet versendet werden, können bestenfalls Näherungen sein, denn wer kann schon in der Lage sein, tatsächlich zu bestimmen, wie viele Mega-/Giga-/Tera- oder Peta-Byte an Daten jeder Mensch erzeugt oder konsumiert,

- der E-Mails tippt und liest (die immerhin über zentrale Knotenpunkte verschickt werden und gemessen werden können),
- der für seinen Arbeitgeber Dokumente erstellt und sie auf Firmenrechnern abspeichert,
- der den Video-Streamingdienst nachts laufen lässt, weil er eingeschlafen ist,
- der Sensoren in den verschiedenen Räumen seiner Wohnung anbringt, die jede Minute die Temperatur messen und diese aufzeichnen,
- der ...

Unbestritten ist, dass es jedes Jahr mehr Daten werden und Analysen geben häufig an, dass das Wachstum nicht linear, sondern exponentiell ist, dass es also jedes Jahr *mehr mehr* wird. Der vielzitierte *Worldwide IDC Global DataSphere Forecast* geht auch in der Version der Jahre 2022–2026 von einer Verdopplung der erstellten, erfassten, verbreiteten und gespeicherten Daten in diesem Zeitraum aus (vgl. Rydning, 2022). Jeden Tag werden derzeit geschätzt über 330 Milliarden E-Mails verschickt, bis Ende 2026 werden es vermutlich mehr als 390 Milliarden sein (vgl. The Racati Group, 2022). Diese E-Mails enthalten Geschäftsinformationen, private Informationen, Kreditkartendaten, Zahlenwerke, Tabellen, Anhänge, Bilder, Videos, Links zu Websites und vieles mehr. Sie lassen sich zudem noch einzelnen Accounts

---

1 Dieses Zitat wird gerne *Mark Twain* zugeschrieben. Mit ziemlicher Sicherheit können wir aber heute sagen, dass es nicht von ihm im Original stammt (vgl. Vellemann, 2008).

und über die gespeicherten Sendeinformationen Ländern, Regionen und teilweise Unternehmen oder Personen zuordnen.

Um diese Daten verarbeiten und versenden zu können, müssen Netzwerkstrukturen vorhanden sein, die ebenfalls stark ausgebaut werden. Die Anzahl an mit dem Internet verbundenen Geräten steigt dabei stetig. Massiven Einfluss auf diesen Anwuchs haben eigenständige Geräte, die eine Maschine-zu-Maschine-Kommunikation betreiben und das *Internet of Things* (IoT) bilden oder unterstützen (vgl. Hasan, 2022). Sensoren an Produktionsgeräten, an Gabelstaplern, an Waschmaschinen etc. – alles, was die Vernetzung von Dingen steigert, steigert automatisch auch die generierte, versendete und für Analysen verfügbare Datenmenge.

Mit dieser Datenmenge wächst auch der Markt für Datenanalysen, was erklärt, wieso Tech-Experten gefragt und für Unternehmen häufig schwer zu bekommen sind. Bei jährlichen Wachstumsraten von knapp 30 % entsteht so ein prognostizierter Markt mit einem Volumen von über 300 Milliarden US-Dollar bis 2030 – von dem *Big Data Analytics* heute den größten Teil ausmacht (vgl. Acumen Research and Consulting, 2022).

Die Zahlen zu Big Data sind ohne Frage eindrucksvoll. Wie nahe die Statistiken und Zahlen letztlich der Wahrheit kommen, insbesondere dann, wenn sie mehrere Jahre in die Zukunft prognostizieren, bleibt dabei abzuwarten.

Aktuelles Beispiel zu Big Data

Ein praktisches Beispiel für den Einsatz von Big Data ist die Analyse von Kundendaten in der Einzelhandelsbranche. Hierbei können Einzelhändler große Datenmengen über das Kaufverhalten ihrer Kunden sammeln, beispielsweise durch die Verwendung von Kundenkarten, Online-Shops oder anderen digitalen Plattformen.

Ein Beispiel hierfür ist das Unternehmen *Target*, eine große Einzelhandelskette in den USA. *Target* hat Daten über das Kaufverhalten seiner Kunden gesammelt und ausgewertet, um Vorhersagen darüber zu treffen, welche Produkte und Angebote Kunden am ehesten interessieren. Basierend auf diesen Vorhersagen konnte Target personalisierte Angebote und Werbung an einzelne Kunden senden und so das Kaufverhalten der Kunden beeinflussen.

Ein bekanntes Beispiel aus dem Jahr 2012 zeigt, wie *Target* aufgrund seiner Datenauswertungen sogar vorhersagen konnte, dass eine Kundin schwanger war, bevor sie es ihrem Umfeld mitteilte. Das Unternehmen konnte dies anhand von Änderungen in ihrem Kaufverhalten erkennen, wie zum Beispiel dem Kauf von Vitaminen und Nahrungsergänzungsmitteln, die für Schwangere empfohlen werden. Dieses Beispiel zeigt, wie Big-Data-Technologien Einzelhändlern dabei helfen können, das Verhalten und die Bedürfnisse ihrer Kunden besser zu verstehen und gezielte Marketingkampagnen zu entwickeln (vgl. Duhigg, 2012 und Forbes, 2012).

Ein aktuelles Beispiel für den Einsatz von Big Data stammt aus der Gesundheitsbranche und betrifft die Bekämpfung der COVID-19-Pandemie.

Das Unternehmen *BlueDot* hat eine Big-Data-Plattform entwickelt, die auf *Künstlicher Intelligenz* basiert und in der Lage ist, globale Gesundheitsdaten in Echtzeit zu verarbeiten. *BlueDot* nutzt diese Plattform, um Ausbrüche von Infektionskrankheiten auf der ganzen Welt zu identifizieren und vorherzusagen. So konnte das Unternehmen bereits im Dezember 2019, bevor die Weltgesundheitsorganisation offiziell vor der COVID-19-Pandemie warnte, aufgrund von Datenauswertungen eine mögliche Ausbreitung des Virus vorhersagen.

Die Plattform von *BlueDot* analysiert dabei unter anderem Daten aus Flugverkehrsmustern, klinischen Daten, Tierkrankheitsdaten sowie Daten aus sozialen Medien und anderen öffentlich zugänglichen Quellen. Auf diese

Weise kann das Unternehmen mögliche Ausbreitungswege von Krankheiten prognostizieren und Gesundheitsbehörden sowie Unternehmen weltweit dabei helfen, schneller und effektiver auf Ausbrüche zu reagieren (Stieg, 2020).

Big Data im Kontext

Dieses Kapitel verrät unter anderem, was sich hinter dem Begriff *Big Data* verbirgt, warum es Sinn macht, Datentypen zu unterscheiden, was *Business Intelligence* oder *Business Analytics* leisten kann und weshalb Datenkompetenz, die sogenannte *Data Literacy,* unumgänglich ist. Auch auf den Zusammenhang der Begriffe von *Künstlicher Intelligenz* und *Big Data* geht es ein.

1.1 Ist Big Data mit der 3V-Definition erklärbar?

In einer ersten einfachen Annäherung an den Begriff *Big Data* erscheint die wörtliche Übersetzung *große Daten(-mengen)* zutreffend. Das passt zum ersten V der häufig verwendeten *3V-Definition*, das mit **Volume** die Menge kennzeichnet. Das zweite V für **Variety** steht für die Unterschiedlichkeit der Daten – so fallen z. B. E-Mails, aber auch Tabellen, Texte, Tweets, Videos, Buchhaltungsbelege und Grafiken, also strukturierte und unstrukturierte Daten an. Mit dem dritten V – **Velocity** – ist die Geschwindigkeit gemeint, in der die Daten erzeugt aber auch verarbeitet werden. Dabei ist nachvollziehbar, dass nur eine Verarbeitung in Echtzeit oder nahezu Echtzeit wertvolle Erkenntnisse bringen kann.

Da Big Data einen starken Bezug zu Unternehmen und Organisationen aufweist und in diesem Kontext Erkenntnisse liefern soll, ist die 3V-Definiton um zwei weitere Vs ergänzt worden. So steht das vierte V – **Veracity** – für die Verlässlichkeit der Daten. Der Ursprung der Daten liegt zum Teil in unzuverlässigen und unvollständigen Quellen. Daher müssen eben diese Daten vor einer Verwendung sorgfältig geprüft und bereinigt werden. Mit dem fünften und letzten V wird der Wert – daher **Value** – der Daten beschrieben. Konkret ist damit der Nutzen gemeint, den Unternehmen und Organisationen aus den Erkenntnissen, die Big Data liefert, gewinnen können.

Allerdings ist diese 5V-Definition nur geeignet, um Big Data zu charakterisieren. Bei der Verarbeitung und Analyse müssen weitere Aspekte berücksichtigt werden, wie zum Beispiel die Sicherheit, der Datenschutz, die Skalierbarkeit etc.

1.2 Was sind strukturierte, semi-strukturierte und unstrukturierten Daten?

Strukturierte Daten sind Daten, die in einer vordefinierten und standardisierten Form vorliegen, wie z. B. Tabellen in einer Datenbank. Sie sind leicht zu analysieren und zu verarbeiten, weil sie in einer konsistenten Form vorliegen. Beispiele für strukturierte Daten sind Kundendaten in einer CRM-Datenbank oder Transaktionsdaten in einer Finanzdatenbank.

Semi-strukturierte Daten sind Daten, die nicht vollständig in einer standardisierten Form vorliegen, aber dennoch einige Strukturmerkmale aufweisen, wie z. B. XML- oder JSON-Dateien. Beispiele für semi-strukturierte Daten sind E-Mails, Social-Media-Posts oder Dokumente.

Unstrukturierte Daten sind Daten, die keiner vordefinierten Struktur entsprechen, wie z. B. Bilder, Audio- oder Videodateien. Sie stellen eine Herausforderung bei der Analyse und Verarbeitung dar, da sie keine konsistenten Datenformate aufweisen. Beispiele für unstrukturierte Daten sind Bilder von Überwachungskameras oder Audioaufzeichnungen von Kundengesprächen.

Big-Data-Technologien können verwendet werden, um Daten aller drei Typen zu verarbeiten und zu analysieren.

1.3 Business Intelligence oder Business Analytics - ist das nicht alles Big Data?

Hier ist die Antwort ein klares Jein. Zunächst einmal wird häufig zwischen *Business Intelligence* und *Business Analytics* unterschieden. Historisch gewachsen ist der mit einer Vielzahl an Definitionen versehene Begriff *Business Intelligence.* Dabei handelt es sich weniger um ein Konzept als vielmehr um eine begriffliche Klammer, die eine Vielzahl unterschiedlicher Ansätze zur Analyse geschäftsrelevanter Daten zu bündeln versucht. In einer – immer unwichtiger werdenden – Unterscheidung von *Business Intelligence* (BI) und *Business Analytics* (BA) wird *Business Intelligence* als Informationslieferant zur Entscheidungsunterstützung auf operativer und strategischer Ebene gesehen, während *Business Analytics* fortgeschrittene Analysetechniken wie *Data Mining*, statistische Analysen und Vorhersagemodellierung nutzt, um komplexe Fragen zu beantworten und tiefergehende Erkenntnisse zur Optimierung von Geschäftsprozessen zu gewinnen.

Die zunehmende Verschmelzung führt zu einer Kombination der Begriffe *Business Intelligence* und *Business Analytics* zu **Business Intelligence & Analytics** (BIA). Die neueren Anwendungsfelder wie Internet of Things, Industrie 4.0 und Social-Media-Marketing, erfordern fortgeschrittene Analysetechniken (BA) und nehmen einen immer größeren Stellenwert für die Informationen zur Entscheidungsunterstützung ein (vgl. Baars/Kemper, 2021).

Der Versuch BIA und Big Data zu unterscheiden, geht mit der Annahme einher, dass für BIA die Analyse strukturierter Daten im Vordergrund steht, während Big Data strukturierte und unstrukturierte Daten umfasst. Eine weitere Unterscheidung liegt darin, dass Big Data darauf ausgerichtet ist, in Echtzeit oder nahezu in Echtzeit zu arbeiten, während *Business Intelligence* und *Business Analytics* vorrangig historische Daten analysieren. Weitere Unterschiede finden sich laut Literatur in der Art und Anzahl der Quellen.

Die thematisierten Unterschiede zwischen BIA und Big Data sind immer weniger trennscharf auszumachen.

1.4 Wie unterscheiden sich Data Science/Data Mining/ Maschinelles Lernen?

Data Science bezieht sich auf die Disziplin, die statistische und mathematische Methoden, Programmierung und domänenspezifisches Wissen kombiniert, um Daten zu erforschen und wertvolle Einblicke zu gewinnen. *Data Scientists* analysieren Daten und stellen ihre Ergebnisse auf verständliche Weise dar, um fundierte Geschäftsentscheidungen zu unterstützen.

Data Mining ist ein Teilgebiet der *Data Science* und bezieht sich auf die Entdeckung von Mustern und Zusammenhängen in großen Datenmengen. *Data-Mining*-Techniken werden verwendet, um verborgene Beziehungen in Daten aufzudecken und Vorhersagen zu treffen, dazu werden Techniken wie *Clustering, Klassifikation* oder *Assoziationsanalyse* genutzt.

Maschinelles Lernen ist ein Teilbereich der *Künstlichen Intelligenz*, der sich darauf konzentriert, Algorithmen zu entwickeln, die aus Daten lernen können, ohne explizite Anweisungen für jeden Fall zu enthalten. Mittels der Verwendung von Algorithmen wie Entscheidungsbäumen, neuronalen Netzen und Support-Vektor-Maschinen, können komplexe Muster in großen Datenmengen erkannt und Vorhersagen getroffen werden.

Gut zu wissen | Im Wesentlichen kann man sagen, dass *Data Science* sich auf die Verwendung von Daten für Geschäftsentscheidungen konzentriert, während *Data Mining* und *Maschinelles Lernen* spezifische Techniken sind, die in der *Data Science* verwendet werden, um die Daten zu analysieren und Einblicke zu gewinnen. *Data Mining* bezieht sich speziell auf das Auffinden von Mustern in großen Datenmengen, während *Maschinelles Lernen* sich auf die Entwicklung von Algorithmen konzentriert, die aus Daten lernen können.

Allerdings sind *Data Mining* und *Maschinelles Lernen* nicht ohne Grundkenntnisse der deskriptiven Statistik nutzbar. Sie finden bei der Analyse von Big Data Anwendung.

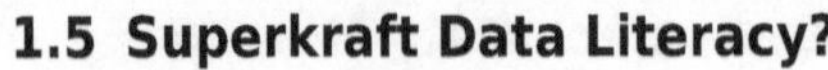

1.5 Superkraft Data Literacy?

Gut zu wissen | *Data Literacy* oder auch Datenkompetenz beschreibt die Fähigkeit, Daten zu verstehen, zu interpretieren und effektiv zu kommunizieren, d. h. die Fähigkeit zum planvollen Umgang mit Daten.

In der heutigen Geschäftswelt spielen Daten eine wichtige Rolle. So ist es unter anderem wichtig, Informationen über Kunden zu sammeln, um individualisierte Produkte und maßgeschneiderte Werbung dazu anbieten zu können. Somit können statt einer breiten und damit kostenintensiven Streuung – d. h. alle Kunden werden mit der gleichen Werbung versehen – die Kundendaten dazu genutzt werden, gezielt bestimmte Kunden (z. B. durch *Clustering*) bzw. Kunden gezielt (z. B. durch die Verwendung verschiedener Medien) anzusprechen.

Die Sammlung und Nutzung der Daten ist für Unternehmen wichtig, um sich im Wettbewerb zu behaupten. Daher sind Unternehmen zunehmend auf Mitarbeiter und Mitarbeiterinnen angewiesen, die Datenquellen identifizieren und bewerten, aber auch Datenanalysetechniken zur Interpretation anwenden können.

Mitarbeitern und Mitarbeiterinnen, die über diese Kompetenz verfügen, ist es möglich, unternehmerische Problemstellungen zu lösen oder auch neue Geschäftsmöglichkeiten zu identifizieren. Dabei stehen nicht nur die Auswahl- und Auswertungstechniken im Vordergrund, sondern auch die Fähigkeit, die gewonnenen Daten angemessen zu visualisieren und zu präsentieren, um so fundierte Entscheidungen zu unterstützen.

1.6 Was kann künstliche Intelligenz (nicht)?

Künstliche Intelligenz (KI) bezieht sich auf die Fähigkeit von Computersystemen, menschenähnliche Intelligenz zu demonstrieren, um bestimmte Aufgaben auszuführen. Dazu zählen z. B. Mustererkennung, Sprachverarbeitung, Bild- und Objekterkennung, Vorhersage und Entscheidungsfindung aber auch Robotik und Automatisierung. Aber auch personalisierte Empfehlungen werden von KI für Produkte oder Dienstleistungen gegeben, was für E-Commerce-Websites und andere Unternehmen nützlich ist.

Insgesamt hat KI das Potenzial, viele Bereiche des Lebens und der Wirtschaft zu verändern und zu verbessern, indem sie Aufgaben schneller, präziser und effizienter ausführt, die für Menschen schwierig oder unmöglich zu bewältigen sind. Allerdings gibt es trotz der großen Fortschritte in den letzten Jahren immer noch Grenzen und Herausforderungen. Einige der wichtigsten Grenzen der KI sind z. B. die eingeschränkte Erklärbarkeit. KI-Systeme können sehr komplexe Entscheidungen treffen, aber oft ist es schwer zu verstehen, wie sie zu diesen Entscheidungen gekommen sind. Das macht es schwierig, Vertrauen in die Entscheidungen zu haben und sie zu überprüfen. Auch ist die Fähigkeit menschliche Interaktionen und Emotionen zu verstehen begrenzt.

Hinsichtlich der Weiterentwicklung von KI bestehen aufgrund der benötigten enormen Datenmengen Bedenken hinsichtlich des Datenschutzes und der Verwendung sensibler Informationen.

Betriebswirtschaftliche Fragestellungen

Dieses Kapitel verrät unter anderem, ob Daten tatsächlich ein Schatz sind und inwieweit sie als Produktionsfaktor dienen können. Es zeigt auf, welche Daten in Unternehmen entstehen und wie sich diese analysieren lassen. Es verrät zudem, ob sich aus Daten sogar Kundenwerte bestimmen sowie Geschäftsmodelle entwickeln lassen und in welchem Zusammenhang das *Internet of Things* zu *Big Data* steht.

2.1 Sind Daten (Informationen) das neue Öl?

Informationen sind *Daten* mit einem konkreten Zweckbezug und sie sind für Unternehmen von zentraler Bedeutung geworden. *„Data is the new Oil"* ist eine Aussage, die auf einen Artikel in *The Economist* im Jahre 2017 (vgl. The Economist, 2017) zurückgeht. Unter dem Titel „The world's most valuable resource is no longer oil, but data" wird eine Regulierung der Internet-Giganten wie *Alphabet*, (*Google*, *Google Maps* etc.) und *Meta* (*Facebook*, *Instagram* etc.) usw. gefordert. Fakt ist, dass Informationen immer mehr zu einem eigenen Produktionsfaktor geworden sind.

Haben Daten (Informationen) also einen Wert, den man quantifizieren kann? Daten haben dann Wert, wenn sie einzigartig sind oder wenn sich mit anderen Daten Zusammenhänge herstellen lassen. Mit solchen Daten wird gehandelt. Man kann mit dem Handel von Daten Umsätze generieren. Als Beispiel können die *StreetView*-Daten von *Google Maps*, die Sozialdaten von *Facebook* oder auch IoT-Daten von Industrieunternehmen gesehen werden. Es existieren daher Unternehmen, die sich auf Datenakquise und -erhebung konzentrieren und diese Daten verkaufen.

So ziemlich alle Daten, die ein Unternehmen besitzt, haben einen potenziellen Wert, auch wenn diese Daten nicht gehandelt werden. Als Beispiele können Kundendaten, Servicedaten, Webanalytics-Daten, Marketingdaten und anderes mehr genannt werden. Unternehmen müssen daher ihre Daten schützen und sorgsam „lagern" (vgl. *Data Governance*).

Daten haben verschiedene Arten von Wert, beispielsweise:

- **Informationswert**
  Daten können verwendet werden, um Entscheidungen zu treffen, Prozesse zu verbessern und bessere Verständnisse über Kunden, Märkte und Trends zu gewinnen.
- **Wettbewerbsvorteil**
  Daten können verwendet werden, um einen Wettbewerbsvorteil gegenüber Konkurrenten zu erlangen.
- **Monetärer Wert**
  Daten können verkauft oder lizensiert werden, um Einkommen zu generieren.

- **Einsichten und Erkenntnisse**
  Daten können verwendet werden, um neue Erkenntnisse über Kunden, Märkte und Trends zu gewinnen.
- **Innovationspotential**
  Daten können verwendet werden, um neue Produkte, Dienstleistungen und Geschäftsmodelle zu entwickeln.

Aus den in den Unternehmen vorhandenen Daten lassen sich erheblich mehr Erkenntnisse heraus generieren, als dies bisher üblicherweise bereits geschieht. Mit den Prozessdaten lassen sich die Geschäftsprozesse optimieren (Stichwort: *Process Mining*). Aus den Kundendaten lassen sich gezielte Marketingmaßnahmen ableiten (Stichwort: Analytische CRM-Systeme). Aus den IoT-Daten können die Wartungsmaßnahmen der Maschinen in der Fertigung deutlich gezielter ermittelt werden (Stichwort: *Predictive Maintenance*).

2.2 Ist Information ein Produktionsfaktor?

Ja, Information kann als ein *Produktionsfaktor* betrachtet werden, da sie eine wichtige Ressource ist, die bei der Herstellung von Gütern und Dienstleistungen eingesetzt wird. Information kann helfen, den Produktionsprozess zu optimieren, Entscheidungen zu treffen und Probleme zu lösen.

Ein Unternehmen, das Informationen effektiv nutzt, kann produktiver und effizienter arbeiten, was zu einer höheren Produktivität und einer besseren Wettbewerbsfähigkeit führt. Informationen können auch ein Wettbewerbsvorteil sein, indem sie ein besseres Verständnis der Kundenbedürfnisse und Markttrends ermöglichen, was wiederum zu besseren Produkten und Dienstleistungen führen kann.

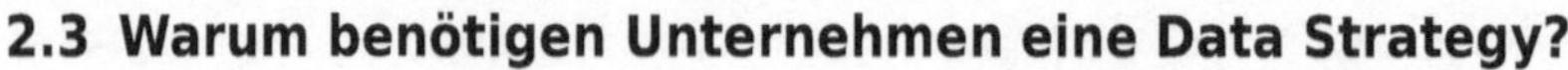

2.3 Warum benötigen Unternehmen eine Data Strategy?

Gut zu wissen | *Data Strategy* bezieht sich auf einen gezielteren und effektiveren Einsatz von Daten, um Geschäftsziele zu erreichen.

Data Strategy umfasst die Planung, die Sammlung, die Verwaltung und die Analyse von Daten, um bessere Entscheidungen und Ergebnisse zu erzielen.

Beispiele für die Anwendung einer Data Strategy können sein:

- **Kundenanalyse**
  Sammlung und Analyse von Kundendaten, um bessere Marketingentscheidungen zu treffen und die Kundenbindung zu verbessern.
- **Risikomanagement**
  Verwendung von Datenanalyse, um Risiken in Finanzmärkten und Unternehmen zu identifizieren und zu verwalten.
- **Betriebliche Effizienz**
  Verwendung von Datenanalyse, um Prozesse und Arbeitsabläufe zu optimieren und Kosten zu reduzieren.
- **Data Management**
  Verwendung von *Data Repositories*, um die Daten und deren Speicherort verwalten zu können.
- **Data Governance**
  Festlegung von Regeln für die Zuordnung von *Data Ownership* und Verwendung der Daten.

Big Data spielt in diesem Zusammenhang eine wichtige Rolle, da es große Mengen an unstrukturierten Daten erfassen und verarbeiten kann, die sonst ungenutzt bleiben würden. Eine effektive *Data Strategy* ermöglicht es Unternehmen, die Vorteile von Big Data zu nutzen und bessere Entscheidungen zu treffen, indem sie Daten aus verschiedenen Quellen integrieren und analysieren.

2.4 Was versteht man unter einer Betriebsdatenanalyse?

Gut zu wissen | *Betriebsdatenanalyse* (*Operational Data Analysis*) bezieht sich auf die Analyse von Daten, die im normalen Geschäftsbetrieb erzeugt werden.

Es handelt sich in der Regel um strukturierte Daten. Hierbei geht es darum, Muster und Trends in den Daten zu erkennen, um bessere Geschäftsentscheidungen zu treffen und Prozesse zu optimieren.

Big Data kann hier helfen, indem es:

- **größere Datenmengen ermöglicht**
  Durch die Verarbeitung großer Datenmengen kann ein besseres Verständnis der Geschäftsprozesse erreicht werden.
- **Echtzeit-Analysen ermöglicht**
  Big-Data-Technologien können Echtzeit-Analysen ermöglichen, was eine schnellere Reaktion auf Geschäftskrisen und Chancen erlaubt.
- **Mehrdimensionale Datenanalyse ermöglicht**
  Big Data erlaubt die Analyse von Daten aus verschiedenen Quellen und Perspektiven, was ein tieferes Verständnis der Geschäftsprozesse ermöglicht.
- **Skalierbarkeit bietet**
  Big-Data-Systeme sind in der Lage, mit wachsenden Datenmengen umzugehen, was eine kontinuierliche Überwachung und Optimierung der Geschäftsprozesse ermöglicht.

2.5 Haben Kunden einen Wert und wie kann ein analytisches CRM unterstützen?

Gut zu wissen | Der *Kundenwert* ist ein Maß für den finanziellen Nutzen, den ein Kunde einem Unternehmen bringt. Es misst die Dauer und die Intensität des Kundenkaufverhaltens und die daraus resultierenden Umsätze und Gewinne.

Um den Kundenwert zu ermitteln, kann man folgende Schritte durchführen:

- **Erfassung von Kundendaten**
  Informationen zu Kundenkaufhistorie, -präferenzen und -verhalten sammeln.
- **Berechnung des durchschnittlichen Umsatzes pro Kunde**
  Gesamtumsatz (Summe aller Umsätze) dividiert durch die Anzahl der Kunden.
- **Berechnung der Kundenloyalität**
  Ermittlung, wie lange Kunden das Unternehmen bereits für Einkäufe nutzen und wie oft sie einzelne oder mehrere Produkte kaufen.
- **Berechnung des Kundenlebenszykluswerts**
  Berechnet den Wert des Kunden über den gesamten Kundenlebenszyklus, indem der durchschnittliche Umsatz pro Kauf, die Anzahl der Käufe und die Dauer der Kundenbeziehung berücksichtigt werden.

Gut zu wissen | Ein *analytisches CRM* (*Customer Relationship Management*) ist ein Ansatz für das Kundenmanagement, bei dem Datenanalyse- und Business-Intelligence-Technologien eingesetzt werden, um bessere Entscheidungen im Kundenkontaktmanagement zu treffen und den Kundenwert zu maximieren.

Ein analytisches CRM zielt darauf ab, Kundendaten aus verschiedenen Quellen zu integrieren und zu analysieren, um ein umfassendes Kundenprofil zu erstellen und das Verhalten und die Bedürfnisse der Kunden zu verstehen. Mit diesen Informationen kann das Unternehmen bessere Marketingentscheidungen treffen, die Kundenbindung verbessern und den Kundenservice optimieren.

Big Data und Technologien wie *Maschinelles Lernen* und *Künstliche Intelligenz* spielen hierbei eine wichtige Rolle, indem sie große Mengen an Daten verarbeiten und Muster erkennen können, die mit Standardverfahren oder durch menschliche Betrachtung nicht erkennbar sind. Das Ergebnis ist eine verbesserte Kundenansprache und eine höhere Kundenzufriedenheit.

2.6 Wirkt Big Data auch auf Geschäftsmodelle?

Ein *Geschäftsmodell* beschreibt die Art und Weise, wie ein Unternehmen seine Umsätze generiert und seine Kosten deckt. Es beinhaltet die Wahl von Kundensegmenten, Wertangeboten, Kanälen, Kundenbeziehungen und Einnahmequellen.

Big Data hat einen großen Einfluss auf Geschäftsmodelle, da es Unternehmen ermöglicht, eine Vielzahl von Daten aus verschiedenen Quellen zu sammeln, zu analysieren und zu nutzen, um bessere Entscheidungen zu treffen. Ein Beispiel ist das Monitoring von Kundenfeedback und Social-Media-Aktivitäten. Diese Daten können dazu beitragen, die Kundenerwartungen besser zu verstehen und die Wettbewerbsfähigkeit zu verbessern.

Zusätzlich kann Big Data auch bei der Überwachung von Lieferketten und Produktionsprozessen eine große Hilfe sein. Hierbei kann es beispielsweise dazu beitragen, Effizienzsteigerungen zu identifizieren und Prozesse zu optimieren, was wiederum zu einer höheren Produktivität und besseren Wettbewerbsfähigkeit führt.

Insgesamt kann man sagen, dass Big Data ein wichtiger Treiber für Innovationen und die Schaffung neuer Geschäftsmodelle ist. Es ermöglicht Unternehmen, ihre Geschäftstätigkeiten besser zu verstehen und anzupassen, was zu einer höheren Wettbewerbsfähigkeit und besseren Geschäftsergebnissen führen kann.

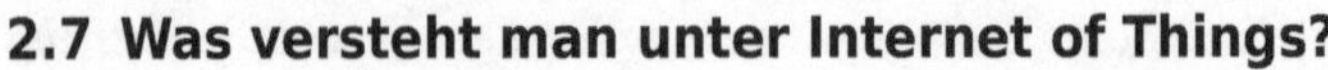

2.7 Was versteht man unter Internet of Things?

Gut zu wissen | *Internet of Things* (IoT) bezieht sich auf ein Netzwerk von physischen Geräten, Fahrzeugen, Home-Appliances und anderen Gegenständen, die mit dem Internet verbunden sind und Daten generieren und sammeln. Diese Geräte können miteinander kommunizieren und Daten automatisch übertragen, ohne dass eine manuelle Interaktion erforderlich ist.
Home-Appliances sind Geräte, die in einem Haushalt verwendet werden, um den Alltag zu erleichtern und den Komfort zu erhöhen. Dazu gehören Geräte wie Kühlschränke, Waschmaschinen, Trockner, Geschirrspüler, Klimaanlagen, Mikrowellen, Ofen, Herde und viele andere. Diese Geräte können manuell oder automatisch gesteuert werden und tragen zur Verbesserung des täglichen Lebens bei.

Ein Beispiel für IoT sind Smart-Home-Systeme, bei denen Geräte wie Thermostate, Beleuchtung und Überwachungskameras miteinander verbunden sind und automatisch Daten sammeln und austauschen.

Big Data spielt bei IoT eine wichtige Rolle, da die großen Mengen an Daten, die von den Geräten generiert werden, verarbeitet und analysiert werden müssen, um wertvolle Erkenntnisse zu gewinnen. Durch die Analyse dieser Daten können Unternehmen bessere Entscheidungen treffen und ihre Geschäftstätigkeiten optimieren.

Ein weiteres Beispiel ist das Wearable-IoT, bei dem Geräte wie Fitness-Tracker und Smartwatches mit dem Internet verbunden sind und Gesundheitsdaten sammeln. Durch die Analyse dieser Daten können Ärzte und Patienten bessere Entscheidungen treffen, was zu einer verbesserten Gesundheit führt.

Insgesamt kann man sagen, dass Big Data eine wichtige Rolle bei IoT spielt, indem es Unternehmen dabei unterstützt, Daten zu sammeln, zu verarbeiten und zu analysieren, um wertvolle Einsichten zu gewinnen und bessere Entscheidungen zu treffen.

Das *Internet of Things* kann in Unternehmen auf verschiedene Weise eingesetzt werden, um Prozesse zu optimieren, Daten zu sammeln und Entscheidungen zu treffen. Nachfolgend finden sich einige Beispiele für den Einsatz von IoT in Unternehmen:

- **Überwachung von Prozessen**
  IoT-Geräte können eingesetzt werden, um Prozesse in Echtzeit zu überwachen und Daten zu sammeln, um Veränderungen zu erkennen und auf Probleme reagieren zu können.
- **Supply-Chain-Management**
  IoT-Geräte können eingesetzt werden, um den Lieferkettenprozess zu verfolgen und zu optimieren, indem Daten über den Standort und den Zustand von Produkten gesammelt werden.
- **Kundenservice**
  IoT-Geräte können verwendet werden, um Kundendaten zu sammeln und zu analysieren, um personalisiertere Angebote und bessere Kundenerfahrungen zu schaffen.
- **Energie-Management**
  IoT-Geräte können eingesetzt werden, um Energiekosten zu optimieren, indem Daten über Energieverbrauch und -effizienz gesammelt werden.

2.8 Ein besonderer Einsatzbereich von IoT ist Predictive Maintenance! Warum?

Predictive Maintenance ist ein wichtiger Einsatzbereich für IoT. Es handelt sich hierbei um eine Methode zur Vorhersage von Wartungsbedarfen an Maschinen und Anlagen, bevor sie tatsächlich ausfallen. Dies wird durch den Einsatz von IoT-Geräten ermöglicht, die Daten über die Leistung und den Zustand der Maschinen sammeln.

Diese Daten werden dann von maschinellen Lernmodellen verarbeitet, um Trends und Muster zu erkennen, die auf bevorstehende Probleme hinweisen können. Auf diese Weise kann *Predictive Maintenance* einen Beitrag zur Vermeidung von Ausfällen leisten und gleichzeitig die Wartungskosten optimieren, indem unnötige Wartungen vermieden werden.

Diese Methode hat auch den Vorteil, dass sie den Betrieb von Maschinen und Anlagen sicherer und zuverlässiger macht, indem Ausfälle frühzeitig erkannt und behoben werden, bevor sie zu größeren Problemen führen können.

Berichtswesen

Dieses Kapitel verrät unter anderem, warum Daten für die Entwicklung und Berechnung von Kennzahlen unumgänglich sind und wie *Big Data* das *Reporting* in Unternehmen unterstützt. Es zeigt auch, dass datenbasierte Kennzahlen besonders durch Visualisierung wirken.

3.1 Zahlen oder Kennzahlen, das ist hier die Frage!

Zahlen sind ein großer Bestandteil der in Unternehmen vorliegenden Daten. Allerdings besitzen sie für sich genommen keine Aussagekraft. Erst die Zusammenstellung zu *Kennzahlen* ermöglicht es Unternehmen, ihre Geschäftsleistung zu messen, zu verfolgen und zu verbessern. Dabei können Kennzahlen zur Leistungsbeurteilung, Entscheidungsfindung, Transparenzbildung und zur Identifikation von Problemen genutzt werden.

Gut zu wissen | Kennzahlen sind quantitative Daten, die als bewusste Verdichtung der komplexen Realität über zahlenmäßig erfassbare Sachverhalte informieren sollen.

Eine gängige Unterscheidung ist die zwischen relativen und absoluten Kennzahlen. Relativen Kennzahlen, wie z. B. Umschlagshäufigkeit oder Eigenkapitalquote, wird meist eine höhere Aussagekraft zugeschrieben. Absolute Kennzahlen wie z. B. Jahresüberschuss oder Bilanzsumme werden unabhängig von anderen Zahlengrößen dargestellt.

Da einzelne Kennzahlen in der Regel nur eine geringe Aussagekraft haben, werden in der Praxis Kennzahlensysteme verwendet, die nach ihrer Ausgewogenheit und dem Zusammenhang ihrer Kennzahlen unterschieden werden können. Beispiele dafür sind das *DuPont-Schema* und die *Balanced Scorecard*. Das *DuPont-Schema* verknüpft Zahlen des betrieblichen Rechnungswesens miteinander, um den *Return on Investment* (*ROI*) zu ermitteln, der als geeignete Kennzahl zur Ermittlung der Rentabilität einer Investition gilt (vgl. Weber/Schäffer, 2022). Die in den 1990er-Jahren von *Kaplan* und *Norton* entwickelte *Balanced Scorecard* ergänzt die finanziellen Kennzahlen um eine Kunden-, eine interne Geschäftsprozess- und eine Lern- und Entwicklungsperspektive. Sie verbindet die Strategiefindung mit der -umsetzung.

3.2 Was macht Reporting?

Unternehmen benötigen *Reporting* (d. h. eine Ausprägung des Berichtswesens), um wichtige Geschäftsdaten zu sammeln, zu analysieren und zu präsentieren. So kann die Geschäftsleistung anhand wichtiger Daten wie Umsatz, Gewinn, Kundenfeedback und anderer wichtiger Kennzahlen überwacht und bewertet werden. Diese Daten liefern wichtige Informationen, die Führungskräfte unterstützen z. B. Trends zu erkennen sowie Prognosen und wichtige Entscheidungen zu treffen. Auch können so Schwachstellen und Engpässe identifiziert und Maßnahmen zur Behebung ebendieser ergriffen werden.

Nicht zu vergessen ist die Nutzung des *Reportings* für die Kommunikation mit den am Unternehmen interessierten Gruppen (*Stakeholder*). Durch die Verwendung von Diagrammen, Tabellen und anderen visuellen Darstellungen können Unternehmen ihren Stakeholdern wichtige Informationen vermitteln und ihre Bemühungen und Fortschritte transparent machen.

Dabei sollte *Reporting* die schon in den 1960er-Jahren von *Antony*, *Dearden* und *Vancil* festgelegten Aspekte berücksichtigen. Sie fordern, dass das *Reporting* einen Berichtszweck bzw. Nutzen haben soll, klar erkennbar sein soll, welcher Inhalt in welchem Detaillierungsgrad berichtet werden soll. Auch haben sie gefordert, dass neben den Empfängern – und damit einer für diese Empfänger gerechten Aufbereitung der Berichte – auch die Art und Weise festgelegt werden soll, wie berichtet wird (vgl. Antony/Dearden/Vancil, 1966). Zuletzt sollen Unternehmen sich Gedanken über die Regelmäßigkeit der Berichte machen (vgl. Schön, 2022).

Alle Aspekte sind dabei kombiniert zu betrachten. So kann es für *Stakeholder* ausreichend sein, einen jährlichen Bericht über die Lage des Unternehmens zu erhalten. Die Verantwortlichen beispielsweise für den Vertrieb benötigen zum einen detaillierte und differenziertere Informationen und zum anderen eben diese Informationen in einer anderen Frequenz. Auch die Frage, wie die Berichte zur Verfügung gestellt werden, gewinnt zunehmend an Bedeutung. In Zeiten papierloser Büros und anhaltender Klimadiskussion muss sorgfältig überlegt werden, welche Medien für das *Reporting* genutzt werden.

3.3 Ist Visualisierung wichtig?

„Ein Bild sagt mehr als tausend Worte."
Kurt Tucholsky

Viele Informationen sind leichter erfassbar, wenn sie bildlich dargestellt werden. So kann ein rapider Umsatzrückgang als reine Zahl weniger bedrohlich wirken als die Darstellung als Linien- oder Balkendiagramm. Ist doch der Absturz im Diagramm beinahe greifbar.

Visualisierung im Kontext von Datenanalyse meint Berichtsgestaltung und ist damit viel mehr als das Erstellen einfacher Diagramme. Abgesehen von einem Konzept, das festlegt, wer wann wie welche Informationen erhält, werden für die Visualisierung klare Regeln benötigt. Diese beziehen sich auf die verwendeten Schriftarten und Farben, aber auch auf die Darstellungsformen. Ein „viel hilft viel" ist eher kontraproduktiv; schon die Festlegung und Beachtung einiger Regeln kann den Nutzen für die Empfänger deutlich erhöhen.

So sollte der Aufbau eines Berichts stets identisch sein. Nichts ist ärgerlicher und aufwändiger, als wenn die gesuchte Information mal an dieser mal an jener Stelle zu finden ist. Auch ein Wechsel der Farb- oder Strichcodierung ist wenig sinnvoll, weil für jeden Bericht die Legende erneut studiert werden muss. Auch sollte bei einer Farbcodierung sorgfältig überlegt werden, welche Farben gewählt werden. Insbesondere eine Konzentration auf rot und grün macht es Menschen mit einer entsprechenden Rot-Grün-Schwäche nicht leicht die Informationen zu erfassen. Zusätzliche schmückende Elemente zieren ein einzelnes Diagramm, lenken aber von der wesentlichen Aussage ab und sind bei häufigem Einsatz meist nur störend. Eine reduzierte, klare Gestaltung erzielt die höchste Wirkung hinsichtlich der Erfassung der Information.

Datenmanagement

Dieses Kapitel verrät unter anderem, was *Data Engineering* leistet und worauf man beim Einsatz achten sollte. Auch auf Datenmodelle und *NoSQL* geht es ein. Es verrät zudem, warum Daten aus unterschiedlichen Quellen angepasst werden müssen und was sich hinter den Abkürzungen *ETL* und *ELT* verbirgt.

4.1 Was versteht man unter Data Engineering und wie setzt man es ein?

Data Engineering bezieht sich auf den Prozess der Verarbeitung, Speicherung und Verwaltung von Daten, um sie für Analytik und *Business Intelligence* bereitzustellen. Es umfasst Aufgaben wie Datenintegration, Datenverarbeitung, Datenspeicherung und -management.

Data Engineering setzt man ein, indem man es als fundamentale Voraussetzung für die effektive Verwendung von Big Data und *Business Intelligence* betrachtet. Die Daten müssen in einer Art und Weise verarbeitet und gespeichert werden, die es Analysten und Geschäftsentscheidern ermöglicht, sie effektiv zu nutzen.

Zu den Schritten im Rahmen von *Data Engineering* gehören die Datenintegration aus verschiedenen Quellen, die Verarbeitung der Daten (z. B. Überprüfung der Datenqualität, Bereinigung, Transformierung), die Speicherung der Daten in einem geeigneten Datenspeicher (z. B. Datenbank, *Data Warehouse*, *Data Lake*) und die Verwaltung der Daten (z. B. *Backup*).

Data Engineering spielt eine wichtige Rolle in der Big-Data-Architektur und ist eine Voraussetzung für die effektive Nutzung von Big Data und *Business Intelligence*.

4.2 Was sind in diesem Zusammenhang Datenmodelle?

Datenmodelle beschreiben die Struktur von Daten und definieren die Beziehungen zwischen den Datenentitäten. Es gibt verschiedene Arten von Datenmodellen, die für unterschiedliche Anwendungen und Anforderungen geeignet sind. Beispiele für Modellierungsmethoden sind:

- **ERM**
  (Entity Relationship Model)
  ERM-Modelle beschreiben die Beziehungen zwischen verschiedenen Entitäten (z. B. Kunden, Produkte) in einem System. Es ist ein sehr häufig verwendetes Modell in Datenbanken und *Business-Intelligence*-Systemen.
- **MERM**
  (Multidimensional Entity Relationship Model)
  MERM ist eine erweiterte Version von ERM, bei der die Beziehungen zwischen den Fakten und ihren Dimensionen modelliert werden. Für die Modellierung wird ein *Star-* oder *Snowflake*-Schema benutzt. Im Zentrum steht die Faktentabelle und wird umrahmt von den verschiedenen Dimensionen.
- **ADAPT**
  (Application Design for Analytical Processing Technologies)
  ADAPT ist eine Modellierungssprache, die beschreibt, wie Daten in einem Unternehmen multidimensional für Analysen zusammengestellt werden. Es dient der Dokumentation der fachlichen Anforderungen, die bei der Fachabteilung im Rahmen einer Anforderungsanalyse erhoben wurden. Es ermöglicht die Modellierung von Dimensionen mit Hierarchien und den zugeordneten Fakten bzw. Kennzahlen.

Diese Datenmodelle können bei der Verwaltung und Analyse von Big Data hilfreich sein, indem sie eine klare Struktur für die Daten schaffen und die Beziehungen zwischen den Daten definieren. So kann eine einheitliche Sicht auf die Daten gewährleistet werden, was es einfacher macht, Daten zu integrieren, zu analysieren und zu verwenden.

4.3 Was bedeutet NoSQL aus Sicht der Daten?

Gut zu wissen | *NoSQL* steht für „Not only SQL“ und bezieht sich auf eine Gruppe von Datenbanken, die nicht auf der traditionellen relationalen Datenbankarchitektur basieren.

Im Gegensatz zu relationalen Datenbanken speichern NoSQL-Datenbanken Daten auf nicht-tabellarische Weise. Somit sind NoSQL-Datenbanken oft skalierbarer und leistungsfähiger als traditionelle relationale Datenbanken, da sie in der Lage sind, große Datenmengen schneller und effizienter zu verarbeiten. Sie sind auch besser für die Verarbeitung von unstrukturierten Daten geeignet, wie z. B. für Social-Media-Beiträge oder unstrukturierte Daten aus IoT-Geräten.

Es gibt verschiedene Arten von NoSQL-Datenbanken, darunter dokumentenorientierte, Schlüssel-Wert-basierte, spaltenorientierte und graphenorientierte Datenbanken. Jede Art hat ihre eigenen Stärken und Schwächen und ist für bestimmte Anwendungen geeignet.

NoSQL-Systeme können als schemafrei bezeichnet werden, da sie keine vordefinierten Strukturen für die Datenspeicherung erfordern. Sie unterstützen oft die Dokumentenorientierung, bei der Daten als Dokumente gespeichert werden, anstatt in Tabellenstrukturen wie bei relationalen Datenbanken.

- **Schemafreie Daten**
  Im Gegensatz zu relationalen Datenbanken, bei denen jedes Datenfeld einer Tabelle einem festen Datentyp zugeordnet ist, ermöglichen NoSQL-Systeme die Verwendung schemafreier Daten, bei denen Datenfeldtypen nicht festgelegt sind und Daten dynamisch hinzugefügt werden können.
- **Dokumentenorientierung**
  Ein anderes Konzept in NoSQL ist die Dokumentenorientierung, bei der Daten in Form von Dokumenten gespeichert werden, die miteinander verknüpft sind. Jedes Dokument enthält eine eindeutige Identifikation und kann unterschiedliche Felder mit unterschiedlichen Typen und Werten enthalten.

4.4 Was ist Harmonisierung?

Daten bilden die Grundlage für unternehmerische Entscheidungen. Dabei greifen die Unternehmen längst nicht mehr nur auf die selbst erzeugten Daten zurück, sondern nutzen auch Daten, die von Dritten zur Verfügung gestellt werden. Diese Daten von verschiedenen Anbietern (aus verschiedenen Quellen) sind nicht nur in unterschiedlichen Formaten gespeichert, sondern weichen auch z. B. in der Beschreibung der Daten voneinander ab. Um die Daten als Gesamtheit nutzen zu können, ist eine *Harmonisierung* (Vereinheitlichung) erforderlich.

Gut zu wissen | Daten aus unterschiedlichen Quellen müssen so angepasst werden, dass *gleiche Inhalte auch gleich dargestellt* werden.

Die Daten und Datenstrukturen der einzelnen Quellen müssen also transformiert werden. Dies geschieht im Rahmen des ETL-Prozesses und umfasst nach Müller/Lenz (2013) u.a.

- die Anpassung von Datentypen,
- die Vereinheitlichung von Zeichenketten,
- die Umrechnung von Maßeinheiten und Skalierungen,

aber auch

- die Kombination oder Separierung von Attributwerten,
- die Anreicherung von Attributen durch Hintergrundwissen und
- die Berechnung abgeleiteter Aggregate.

Gut zu wissen | Mit Harmonisierung werden Daten aus unterschiedlichen Quellen zu einer *single source of truth.*

4.5 Was ist der Unterschied zwischen ETL und ELT?

ETL steht für „*Extract, Transform, Load*“ und bezieht sich auf den Prozess der Übertragung von Daten aus verschiedenen Quellen zu einem Ziel, meist ein *Data-Warehouse*-System oder eine Datenbank.

- **Extraction**
  Hierbei werden Daten aus verschiedenen Quellen wie relationalen Datenbanken, Flatfiles, APIs usw. extrahiert und in eine zentrale Struktur überführt.
- **Transformation**
  In diesem Schritt werden die Daten bereinigt, standardisiert und angepasst, um eine einheitliche Datenstruktur zu schaffen. Hierbei können auch Berechnungen, Bereinigung von fehlerhaften Daten und Datenkonsolidierung erfolgen.
- **Load**
  Im letzten Schritt werden die transformierten Daten in die Zieldatenbank geladen, um dort für Analysezwecke bereitgestellt zu werden.

ELT steht dementsprechend für „*Extract, Load, Transform*“. Die Transformation wird also zum Schluss, nach der Extraktion und dem Laden, durchgeführt. Auf diesem Weg lassen sich die (Roh-)Daten zunächst in ein Zielsystem, meist einen *Data Lake*, übernehmen. Erst zu einem späteren Zeitpunkt wird zur Vorbereitung der Analysezwecke eine Harmonisierung der Daten vorgenommen.

ETL-Prozesse unterstützen die frühzeitige Harmonisierung von Daten, indem sie sicherstellen, dass die Daten aus verschiedenen Quellen in ein einheitliches Format gebracht werden.

ELT-Prozesse unterstützen die schnelle Übernahme von Daten, indem sie zunächst nur Rohdaten aus verschiedenen Quellsystemen laden. Dies wird insbesondere eingesetzt, um Daten in Echtzeit oder nahezu Echtzeit zu verarbeiten.

Datenverarbeitung

Dieses Kapitel verrät unter anderem, wie sich Daten sinnvoll verarbeiten lassen, warum es dafür eine Architektur braucht und was das mit einem *Data Warehouse* zu tun hat.
Es verrät zudem, warum ein *Data Lake* niemals versumpfen sollte und weshalb man nicht immer alle, sondern lediglich die relevanten Daten betrachten sollte.

5.1 Was erstellt ein Big-Data-Architekt?

So wenig, wie ein Architekt ein Haus baut, programmiert ein *Big-Data-Architekt* eine Software. Im Kontext von IT- oder Technologiethemen meint Architektur in der Regel ein umfassendes Konstrukt aus Hardware, Software, Methoden und Vorgehensweisen, Verantwortlichkeiten und vielem mehr, was ein bestimmtes Thema oder eine bestimmte Fragestellung technischer Art unterstützt.

Big-Data-Architekten entwerfen also ein umfassendes Konzept, um Big-Data-Fragestellungen im Anschluss lösen zu können. Dabei betrachten sie unter anderem

- welche Datenquellen zur Verfügung stehen und welche Eigenschaften diese aufweisen,
- welche Ergebnisse und Ausgaben zu erstellen, bzw. welche Fragestellungen zu bearbeiten sind,
- welche technischen und technologischen Gegebenheiten vorliegen und welche Möglichkeiten es im Rahmen eines Unternehmens für neue Hard- und Software gibt,
- welche Datenstrecken einzurichten sind, also von wo nach wo Daten kopiert und verschoben werden müssen und wie sie an einzelnen Stellen zu transformieren oder zu bearbeiten sind,
- welche Rollen und Verantwortlichkeiten existieren müssen und
- welche organisatorischen Rahmenbedingungen zu schaffen sind bzw. welche Qualifikationen vorhanden sein müssen, damit Big Data tatsächlich genutzt werden kann.

Das Zusammenspiel dieser Aspekte schafft dann den Plan für die eigentliche Umsetzung einer Big-Data-Lösung – ähnlich den Plänen, die ein Architekt entwirft, der zwar den Aufbau eines Hauses festlegt, dieses aber nicht selbst aufbaut.

5.2 Sind klassische Data Warehouses überflüssig?

Big Data ist keine direkte Weiterentwicklung oder ein vollständiger Ersatz bisheriger IT-Architekturen zur Datenaufbereitung und -analyse. *Data Warehousing* als Konzept ist seit vielen Jahren etabliert und für viele Analysearten im Umfeld strukturierter Daten nach wie vor Standard.

Die Veränderungen an den zu Grunde liegenden Daten und die damit einhergehenden Analysemöglichkeiten und -bedürfnisse durch Big Data erweitern die Möglichkeiten und Anforderungen an Datenverarbeitung. Klassische *Data Warehouses* sind für große, aber nicht schnell veränderliche und stetig wachsende Datenbestände konzipiert. Ihnen liegen häufig umfangreiche und durchdachte Konzepte zur Steuerung von betrieblichen Aktivitäten mittels definierter Kennzahlen zu Grunde, auf deren Auswertung und Darstellung sie ausgerichtet sind. Für die Erfüllung dieser Zwecke sind sie geeignet und Big-Data-Architekturen ändern daran zunächst nichts.

Sollen jedoch parallel zu den bisherigen strukturierten Daten auch große Datenmengen verarbeitet werden und die bisherigen *Data-Warehouse*-Systeme zumindest in Teilen mit genutzt werden (z. B. für das *Reporting*), so bietet es sich an, die Datenstrecken im *Data Warehouse* um einen Big-Data-Anteil zu ergänzen, z. B. mit Hilfe eines *Data Lake*.

Gut zu wissen | Um klassische *Data Warehouses* für die geeigneten Zwecke (z. B. Finanzkennzahlenanalyse) weiter zu nutzen und um Big-Data-Anteile zu ergänzen, werden Datenspeicher aufgebaut, die diverse Datenquellen aufnehmen und deren Daten deutlich weniger selektiv speichern als *Data Warehouses* dies tun. Diese Quellen werden im Anschluss an die *Data-Warehouse*-Strukturen angebunden.

Dabei können für den Big-Data-Anteil wieder eigene Architekturen verwendet werden. Auch bieten inzwischen einzelne *Big Data Frameworks* die Möglichkeit, ihrerseits ein *Data Warehouse* als Bestandteil einer Big-Data-Architektur einzurichten, so dass beide Varianten mehr und mehr Teil einer umfassenden Daten- und Analyselandschaft werden.

5.3 Was schwimmt in einem Data Lake?

Die etwas plakative, einfache Antwort auf die Frage ist: Alles – und so wie Fische in einem See ist es roh.

Gut zu wissen | *Data Lakes* sind sehr große Ansammlungen von Rohdaten (also nicht transformierten, selektierten oder anderweitig weiterverarbeiteten Daten) aus allen als relevant eingestuften internen oder externen Quellen. Sie dienen als universeller Datenspeicher, aus dem diverse unterschiedliche Analysetools bedient werden.

Während *Data Warehouses* eine starke Selektion bei den abzulegenden Daten vornehmen, folgen *Data Lakes* dem Prinzip, zunächst alle Inhalte aufzunehmen und abzuspeichern. Dabei wird das Ziel verfolgt, eine möglichst „flache" Speicherung vorzunehmen, also keine starke Struktur oder Hierarchie aufzubauen und vor allem keine Datensilos aufkommen zu lassen, also die Daten nicht voneinander zu trennen. Der Wunsch beim Aufbau eines *Data Lakes* ist, Daten miteinander verknüpfen zu können, so wie es gerade für eine bestimmte Analyse benötigt wird.

Vorteilhaft ist, dass durch die fehlende Vorselektion und Vorverarbeitung ein *Data Lake* vergleichsweise leicht zu füllen ist. Durch die Verwendung von Rohdaten aus den zu Grunde liegenden Systemen ist auch bei jeder Analyse nachvollziehbar, auf welchen Daten die Ergebnisse beruhen. Dies erfordert allerdings auch, dass für jede Analyse die Daten zunächst korrekt zusammengestellt und (wo nötig) in eine einheitliche Form gebracht werden. Damit dies möglich ist, muss durch saubere Protokollierung und Dokumentation eine Übersicht über die Inhalte des *Data Lakes* erhalten werden. Die Daten im *Data Lake* werden also mit Metadaten versehen, d. h. Informationen die beispielsweise Herkunft, Art oder Struktur der Daten beschreiben.

Gut zu wissen | *Data Lakes*, die nur als Abladeplatz für Daten dienen, aber nicht verwaltet werden, verwandeln sich leicht in *Data Swamps*, in Sümpfe, die aus einem Wirrwarr an Daten ohne Auswertungsmöglichkeit bestehen.

Abschließend sind bei *Data Lakes* immer Sicherheitsbedenken und Zugriffsrechte zu beachten. Nicht jeder Datensatz darf von jedem Angestellten eingesehen werden. Dies sicherzustellen ist in einer Sammlung unstrukturierter Daten mit Aufwand verbunden.

5.4 Dient Streaming bei Big Data der Unterhaltung?

Der Begriff *Streaming* wird häufig mit Musik-Streaming oder Video-Streaming assoziiert. Im Kontext von Big Data steht er aber viel mehr für *Stream Processing*, eine Möglichkeit, große Datenmengen in (nahezu) Echtzeit zu verarbeiten. Übliche Analysewerkzeuge sammeln zunächst Daten und verarbeiten sie dann in einem großen Stapel (*Batch Processing*). Big Data beschreibt aber schnell veränderliche Daten, wie sie z. B. von Sensoren geliefert werden. Diese Daten werden teilweise im Millisekundenbereich aktualisiert. Handelt es sich dabei um Positionsdaten von Fahrzeugen, Temperaturen von chemischen Prozessen oder Druckangaben von Roboterarmen, können diese Daten nicht gesammelt werden, sondern müssen unverzüglich ausgewertet werden.

Gut zu wissen | *Stream Processing* ist für eine Echtzeitverarbeitung von Datenströmen, also ständig aktualisierten Datenmengen, konzipiert und stellt sicher, dass Daten nicht „warten" müssen, bis sie für eine Analyse benötigt werden, sondern sofort von vorkonfigurierten Analysetools ausgewertet werden.

5.5 Was macht Clickstream-Daten wertvoll?

Clickstream-Daten sind üblicherweise von den Daten des *Stream Processings* zu unterscheiden. Als *Clickstream* wird der Verlauf von Websites (und eben den dort ausgeführten Klicks) bezeichnet, der das Protokoll der Aktivitäten eines Web-Nutzers darstellt. Es kann so nachverfolgt werden, welche Seite wie lange geöffnet war, welche Artikel oder Anzeigen angeklickt wurden und wie lange die neu geöffneten Seiten dann wiederum betrachtet wurden. Für Unternehmen ergibt sich hier die Gelegenheit, Nutzerverhalten zu erfassen. Prinzipiell können diese *Clickstream*-Analysen aber auch als Echtzeitanalysen durchgeführt werden (dann eben wieder per *Stream Processing*), sodass je nach Nutzeraktivität Websites mit anderen Angeboten oder sogar komplett anderen Inhalten ausgestattet werden können.

5.6 Was ist die Idee von Lambda-Architekturen?

Stream Processing und *Batch Processing* stellen zwei unterschiedliche Herangehensweisen an große Datenmengen dar, die beide notwendig sein können.

Gut zu wissen | Neben der Echtzeitbetrachtung des Stream Processing muss es die Möglichkeit geben, alle Daten (auch der Vergangenheit) umfassend zu betrachten und diese als Stapel (*batch*) zu verarbeiten. *Lambda-Architekturen* sind daher Zwei-Wege-Architekturen, die beide Varianten abdecken.

Dazu werden neu eintreffende Daten gedoppelt und zum einen in einen *Batch Layer* überführt, der die Hauptdatenquellen für spätere Analysen darstellt, zum anderen werden sie in einen *Speed Layer* eingespeist, der Echtzeitbetrachtungen zulässt. Nutzer des Systems können direkt auf den *Speed Layer* zugreifen, wenn sie entsprechende Abfragen erstellen müssen. Sollen Daten aus dem *Batch Layer* verarbeitet werden, so geschieht dies, indem über einen *Servicing Layer* Analyseaufträge angelegt werden und die Ergebnisse dieser Aufträge nach Beendigung zur Verfügung gestellt werden. In der Literatur wird das unten gezeigte Basismodell häufig erweitert. Auch wird der *Servicing Layer* teilweise als Schicht sowohl hinter dem *Batch Layer* als auch hinter dem *Speed Layer* gezeigt.

Der Name Lambda-Architektur stammt vermutlich daher, dass der griechische Buchstabe *Lambda* (λ) wie eine Verzweigung aussieht.

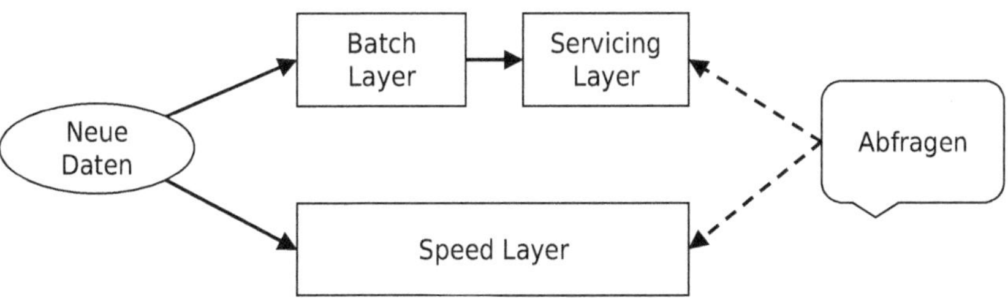

Abb. 1: Lambda-Architektur (in Anlehnung an Marz/Warren, 2015)

5.7 Für welche Aufgaben eignen sich Batch-Verfahren?

Eine Echtzeitdatenbetrachtung ist nur dann sinnvoll, wenn wenige Daten, häufig auf Basis bereits existierender Analysemodelle, ausgewertet werden sollen. Sind umfangreiche Analysen auf allen vorliegenden Daten notwendig, müssen diese geplant werden und benötigen in der Regel mehr Zeit. *Batch*-Verfahren kommen zum Einsatz, wenn etwa alle Websitezugriffe einer Online-Plattform auf Muster analysiert, alle Produktumsätze ausgewertet oder Temperaturdaten von Sensoren nachträglich auf Durchschnittswerte untersucht werden sollen, die sich nur in einer Gesamtbetrachtung ermitteln lassen.

Gut zu wissen | *Batch Processing* entstammt der Zeit als IT-Systeme noch von einzelnen Programmen, die auf gestanzten Lochkarten gespeichert waren, gesteuert wurden. Über Nacht bearbeitete der Computer dann einen Stapel (*batch*) dieser Lochkarten. Der Begriff hat sich gehalten für länger laufende Operationen ohne menschlichen Eingriff (vgl. IBM, 2020).

5.8 Werden immer alle Daten betrachtet?

Stream-Processing-Verfahren betrachten per Definition nicht alle Daten, sondern nur die jeweils aktuellen. *Batch-Processing*-Verfahren betrachten die Daten, die für sie relevant sind. Nur, weil in einem *Data Lake* prinzipiell alle verfügbaren Daten vorliegen, bedeutet das nicht, dass für jede Analyse auch alle Daten verwendet und miteinander verknüpft werden müssen. Selbst *Data Lakes* speichern nicht notwendigerweise alle Informationen, die ein Unternehmen überhaupt besitzt, sondern nur die Informationen, denen eine (Analyse-)Relevanz zugeschrieben wurde. Operative Daten aus dem Tagesgeschäft liegen zum Teil nur in den operativen Systemen für Transaktionen, Produktionssteuerung etc. vor. Werden diese benötigt, können sie identifiziert und nachträglich abgerufen werden. Dies wird auch als Durchgriff auf die operativen Daten bezeichnet.

5.9 Wie werden die notwendigen Geschwindigkeiten erzielt?

Geschwindigkeit ist im Zusammenhang mit IT-Systemen ein relativer Begriff – nicht nur aus der Alltagserfahrung heraus, die vermutlich jeder Nutzer eines Computers schon gemacht hat. Stellt ein Big-Data-Nutzer eine Abfrage an ein System, kann diese bis zu einem gewissen Grad beschleunigt werden, indem schnellere Computer, schnellere Speichermedien oder effizienter programmierte Algorithmen zum Einsatz kommen. Der erzielbare Effekt ist allerdings begrenzt.

Stellen mehrere Nutzer Abfragen an die Daten, müssen sich diese die verfügbaren Ressourcen teilen. Die Struktur von Big-Data-Systemen ist aber in der Regel nicht *monolithisch*, d. h. es existiert nicht „ein Big-Data-System", sondern es existiert ein Netzwerk von Computern, die zusammen die großen Datenmengen und hohen Rechenanforderungen bewältigen können. Um mehrere Abfragen schnell zu bewältigen, werden diese auf mehrere Teile des Netzwerks verteilt.

Das Prinzip der Aufgabenteilung lässt sich dabei auch auf einzelne Abfragen anwenden. Liegen beispielsweise Wetterdaten von diversen Wetterstationen vor, die auf unterschiedlichen, vernetzten Computern als Teil eines übergreifenden Big-Data-Systems gespeichert sind, und wird die Abfrage gestellt, das Maximum dieser Daten zu ermitteln, so kann die Abfrage gestückelt werden und jeder Computer liefert für „seine" Wetterstationen das Maximum. Aus diesen Werten wird wiederum das Maximum bestimmt, sodass der insgesamt höchste Wert zurückgegeben wird, wobei alle Teile des Netzwerkes fast durchgängig arbeiten. Diese Parallelisierung schafft Geschwindigkeit – entweder, weil einzelne Abfragen schnell beantwortet werden, oder weil mehrere Abfragen beantwortet werden können, ohne, dass sie sich gegenseitig verlangsamen – daher die eingangs getroffene Feststellung, dass Geschwindigkeit „relativ" ist.

Ein bekanntes Verfahren hierfür ist *MapReduce*, das den Abfrageprozess in einzelne Phasen zerlegt, darunter die *Map*-Phase (das parallele Abfragen von Werten mehrerer Teile) und die *Reduce*-Phase (das Zusammenfassen bzw. Reduzieren der Ergebnisse von den Parallel-Abfragen hin zu dem gewünschten Abfrageergebnis).

Datenhaltung

Dieses Kapitel verrät unter anderem, warum Daten nicht immer an einem Ort gespeichert werden und welche Herausforderungen sich daraus ergeben.
Es geht auch darauf ein, warum besonders viele Daten in Skandinavien liegen und welche Bedeutung heute *SQL* und *NoSQL* haben.

6.1 Warum werden Daten verteilt gespeichert?

Unternehmen, die Daten überall auf der Welt erfassen und ausgeben, sind heute der Normalfall. Große Konzerne betreiben Produktionsstätten in mehreren Städten, operieren mit Niederlassungen in vielen Ländern und betreuen Kunden über mehrere Kontinente und damit auch Zeitzonen hinweg. Während es früher möglich war, ein einzelnes System für Datenspeicherung und -verarbeitung zu betreiben, lassen die modernen Gegebenheiten dies aus Gründen der Performance und gelegentlich auch aus rechtlichen Gründen nicht mehr zu.

Um Daten verteilt zu speichern, müssen an mehreren Orten Rechenzentren oder Datenzentren betrieben werden, die einen Teil der Daten aufnehmen. Diese dezentralen Einheiten können auch als gegenseitiges System zur Stärkung der Ausfallsicherheit funktionieren. Wenn ein Unternehmen beispielsweise zehn verschiedene Datenzentren betreibt, so können die Daten in fünf unterschiedliche Gruppen aufgeteilt werden, die jeweils auf zwei Datenzentren gespeichert werden. Ein Stromausfall in Deutschland führt dann zwar vielleicht zum Ausfall eines Datenzentrums, aber das *Backup*-System in einem anderen Land kann einspringen.

Dies führt allerdings zu dem Problem, dass bei der Ermittlung von Werten, die auf weltweit verteilten Daten basieren, die einzelnen Datenbestände wieder zusammengeführt werden müssen. Da dies nicht mit allen Operationen funktioniert, existieren auch komplexere Verfahren zur Umsetzung von verteilten Speicherungen. Dies ist ein möglicher Anwendungsfall von *MapReduce*.

6.2 Wie wird verteilte Speicherung umgesetzt?

Neben der Verteilung von Daten auf diverse Datenzentren wird das Prinzip einer verteilten Speicherung vor allem dabei eingesetzt, Daten auf unterschiedliche Rechner und Speichermedien zu verteilen. Da der Speicherplatz je Medium (z. B. einer Festplatte) begrenzt ist, werden mehrere Festplatten zu einer Speichereinheit zusammengeschlossen und mehrere dieser Einheiten wiederum über ein Netzwerk gekoppelt.

Um das Ergebnis möglichst einfach handhaben zu können, kommen *verteilte Dateisysteme* zum Einsatz. Diese sind in der Lage, diverse Speichereinheiten mit unterschiedlicher Hardware als eine virtuelle Einheit zu verwalten. Aus Sicht der Nutzer existiert, vereinfacht gesprochen, eine große Festplatte, die mühelos mehrere Petabyte (das sind Millionen Gigabyte) an Speicher umfassen kann. Diese eine virtuelle „Festplatte" lässt sich dann wiederum nach Bedarf unterteilen.

Auch in diesen Systemen sind Aspekte der Redundanz, also Doppelspeicherung, zu beachten. Sollten einzelne Speichermedien oder Speichereinheiten ausfallen, so muss zum einen das System weiterhin funktionieren, zum anderen sollen die Daten weiterhin verfügbar sein.

Cloud-Computing-Anbieter haben sich unter anderem auf die Bereitstellung verteilter Systeme spezialisiert. Sie halten verteilte, flexibel in der Größe anpassbare Speichernetzwerke vorrätig und vermieten diese zeitweise und portionsweise an Unternehmen und Privatanwender.

Beispiel | *Google* betreibt nach eigenen Angaben 23 Rechenzentren weltweit, darunter sechs an Standorten in Europa (Irland, Niederlande (2-mal), Belgien, Dänemark, Finnland; vgl. Google, 2023). Mit dem *Google Filesystem* existiert ein verteiltes Dateisystem, das bereits seit vielen Jahren im Einsatz ist (vgl. Ghemawat/Gobioff/Leung, 2003). Auch andere IT-Firmen haben entsprechende Dateisysteme entwickelt. Als Beispiel einer frei verfügbaren Version eines verteilten Dateisystems sei das *Hadoop Distributed File System* genannt, das von der *Apache Software Foundation* weiterentwickelt wird (vgl. The Apache Software Foundation, 2023).

6.3 Warum skalieren NoSQL-Systeme horizontal?

IT-Systeme lassen sich in zwei Richtungen skalieren, also bei Bedarf vergrößern oder verkleinern.

Eine *vertikale Skalierung* bedeutet, dass ein bestehendes System verbessert oder verstärkt wird, seine Leistung wird erhöht. Z. B. wird statt einer Festplatte mit 10 Terabyte eine Festplatte mit 20 Terabyte verbaut und dann kann das System – ohne, dass sonst etwas geändert werden muss – doppelt so viele Daten speichern. Diese vertikale Skalierung stößt allerdings bei großen Datenmengen schnell an ihre Grenzen, weil einzelne Hardwaresysteme nur bis zu einer bestimmten Größe verfügbar sind und auf absehbare Zeit verfügbar sein werden.

Die *horizontale Skalierung* hingegen erhöht nicht die Leistungsfähigkeit eines einzelnen Systems, sondern arbeitet in die Breite, indem dem zu verstärkenden System ein zweites System zur Seite gestellt wird. Beide Systeme werden über ein Netzwerk verbunden und im Anschluss so konfiguriert, dass sie nach außen wie ein einzelnes System wirken. Sobald das Prinzip für zwei Einzelsysteme funktioniert, ist es prinzipiell auch für hundert oder tausend Systeme anwendbar. In der Praxis bestehen hier Einschränkungen und zusätzliche Herausforderungen, die aber überwunden werden können.

Gut zu wissen | Horizontale Skalierung bietet wirtschaftliche und praktische Vorteile. Die gute Verfügbarkeit von vergleichsweise einfacher Hardware ermöglicht die Kopplung vieler günstiger Systeme. Da ein Netzwerk vorliegt, kann es flexibel erweitert werden, wenn die Anforderungen steigen, was es zukunftsfähiger macht. Weil die Systeme zudem mit Ausfall und Reparatur von einzelnen Bestandteilen ständig rechnen müssen, sind sie darauf ausgelegt, auch im laufenden Betrieb neue Komponenten aufzunehmen, sodass sie für Ergänzungs- oder Wartungsarbeiten nicht abgeschaltet werden müssen.

ver**narr**t in Digitalisierung

6.4 Warum liegen viele Daten in Skandinavien?

Der Ausdruck, dass Daten irgendwo „liegen“, ist eigentlich irreführend, denn Daten sind technisch gesehen nichts anderes als bestimmte, auslesbare Eigenschaften physischer Datenträger wie Festplatten oder DVD-ROMs. Dort, wo sich diese physischen Speichermedien befinden, liegen in dem Sinne also auch die darauf gespeicherten Daten.

Unternehmen oder Institutionen, die große Datenmengen speichern – unabhängig davon, ob sie dies mit eigenen Daten tun oder ob sie die Speichermöglichkeit vielen (Privat-)Nutzern zur Verfügung stellen – sind darauf angewiesen, dass

- **genügend Platz** zur Verfügung steht, um die entsprechenden Gebäude zu errichten,
- **genügend günstiger Strom** zur Verfügung steht, um Computer, Netzwerke und Datenspeichermedien ausfallsicher und wirtschaftlich zu betreiben,
- die **klimatischen Bedingungen** den wirtschaftlichen Betrieb eines Rechen-/Speicherzentrums unterstützen, das große Mengen an Abwärme erzeugt und
- die **politischen Bedingungen** einen stabilen Betrieb vermuten lassen.

Jedes Gebiet der Erde, dass diese Anforderungen erfüllt, bietet sich als Standort an. Skandinavien gehört zu diesen Gebieten und ist durch seine Nähe und gute technische Anbindung an die übrigen Teile von Europa zudem attraktiv, da Daten zwar prinzipiell weltweit übertragen werden können, kürzere physische Distanzen aber auch in globalen Datennetzwerken leichter und kostengünstiger zu überwinden sind.

Beispiel | Schweden exportiert mit Abstand mehr elektrische Energie als es importiert. Zudem erzeugt es ca. 45 % dieser Energie mit Hilfe von Wasserkraft und weitere etwa 25 % aus anderen regenerierbaren Ressourcen. Nordschweden weist zudem ein subarktisches Klima auf. (Stand der Zahlen: 2020, vgl. CIA, 2023)

6.5 Lohnt es sich heute noch, SQL zu lernen?

Die *Structured Query Language* (SQL) stellt heute einen De-facto-Standard für die Abfrage von strukturierten Daten aus relationalen Datenbanksystemen dar, die einen Großteil der verfügbaren Datenbanken weltweit ausmachen. Diese sind häufig über Jahre oder sogar Jahrzehnte gewachsen und (weiter-)entwickelt worden. Big Data entsteht zwar nicht primär in den Anwendungen, die zu diesen Datenbanken gehören, führt aber viele verschiedene Quelldaten zusammen und erfordert für die Verknüpfung von Stammdaten (z. B. Kunden- oder Produktdaten) mit großen Bewegungsdatenmengen auch einen sauberen Zugriff auf die Standardsysteme.

Die einfache (und falsche) Lesbarkeit von *NoSQL* als „Kein SQL“ sowie der Fokus vieler Veröffentlichungen und Weiterbildungsprogramme auf neue Technologien lassen den Eindruck entstehen, dass SQL keine große Relevanz mehr aufweise und nicht zukunftsfähig sei. Tatsächlich besteht aber auch für viele Big-Data-Datenbanksysteme die Möglichkeit, SQL als Abfragesprache einzusetzen und teilweise werden explizit SQL-unterstützende Abfragewerkzeuge für Big-Data-Speicher entwickelt, z. B. um den Umstieg von gewohnter Software zu erleichtern, eine Kompatibilität mit anderen Anwendungen herzustellen oder weil SQL als Abfragesprache umfangreich bewiesen hat, dass es mit Hilfe weniger, leicht zu erlernender Befehle umfangreiche und komplexe Abfragen ermöglicht, wenn die zu Grunde liegende Technologie die Abfragen geschickt verarbeiten kann.

Gut zu wissen | SQL nimmt eine bedeutende Position als Standardabfragesprache für einen Großteil der weltweit verfügbaren Datenbanksysteme ein. Auch Big-Data-Systeme können in Teilen mit SQL-Befehlen bedient werden und gute Kenntnis von SQL, um angrenzende Systeme und deren Daten zu verarbeiten, ist eine Schlüsselfähigkeit.

Ergänzend sei darauf hingewiesen, dass SQL in diversen Dialekten existiert und zwar in der Regel einem Basisstandard folgt, aber vielfach erweitert und angepasst wurde, z. B. um Programmierelemente komplexerer Art zu ermöglichen.

6.6 Was bedeutet CRUD?

Wie viele andere Begriffe im IT- und Big-Data-Kontext ist *CRUD* ein weiteres Akronym, eine Aneinanderreihung der ersten Buchstaben mehrerer, eigentlich unabhängiger Wörter, in diesem Fall derer für einige Datenbankoperationen. Die grundlegenden Aktivitäten in einem Datenbanksystem sind:

- **Erstellen (Create – C)**
  Erstellen ist das Anlegen von neuen Datensätzen, also z. B. das Aufnehmen eines Kunden in die Kartei, das Hinzufügen einer Nachricht in einem sozialen Netzwerk oder das Speichern einer Geschäftstransaktion in einem Online-Shop.
- **Lesen (Read – R)**
  Lesen ist ein Zugriff auf die Daten, der diese nicht verändert, sondern nur wiedergibt. Dabei ist es unerheblich, wie viele Daten gelesen werden, ob diese an mehreren Stellen stehen oder ob sie zusammengehörig sind. Als einzige der vier hier beschriebenen Operationen ist das Lesen in der Regel problemlos mehrfach gleichzeitig durchführbar, weil es nicht dazu führen kann, dass zwei lesende Nutzer sich gegenseitig stören, indem sie Werte verändern, die der andere lesen oder ändern möchte.
- **Ändern/Aktualisieren (Update – U)**
  Ändern bzw. Aktualisieren ist das Verändern bereits bestehender Werte. Anders als beim Erstellen können nur Elemente in der Datenbank beeinflusst werden, die bereits existieren. Soll bei einem Update auch ein neuer Wert entstehen („Automodell A wird in Zukunft als Variante A1 und A2 verkauft."), muss für den neuen Wert ein Create-Vorgang verwendet werden.
- **Löschen (Delete – D)**
  Löschen entfernt existierende Datensätze.

Gut zu wissen | CRUD ist nicht Big-Data-spezifisch, es beschreibt vielmehr die grundlegenden Operationen, die auf Datenmengen durchgeführt werden können. Wie dies umgesetzt wird, wird maßgeblich durch die verwendete Technologie bestimmt – im Big-Data-Umfeld können dabei andere Regeln gelten als in „traditionellen" Systemen.

6.7 Welche Relevanz hat das ACID-Prinzip?

Datenbanken basieren traditionell auf dem Versprechen, einen konsistenten Datenbestand vorzuhalten, der zuverlässig abgerufen und geändert werden kann. Um dies sicherzustellen, sind über die Jahre komplexe Regelwerke für die Durchführungen von *Transaktionen* eingeführt worden, die auch bei Systemabstürzen oder Mehrbenutzerzugriff für einen konsistenten Datenbestand und gleichzeitig eine akzeptable System-Performance sorgen.

Wird ein Wert geändert oder hinzugefügt, müssen dazu mehrere Operationen ausgeführt werden, die in einer Transaktion gebündelt werden. Diese weisen dabei folgende Eigenschaften auf, die vom Datenbanksystem sichergestellt werden müssen:

- **Atomarität (Atomicity – A)**
  Sie beschreibt die Eigenschaft, dass eine Transaktion so lange ohne Einfluss auf die Datenbank gestoppt werden kann, wie nicht alle Befehle ausgeführt wurden. Vereinfacht gesprochen gilt für die Transaktion: Ganz oder gar nicht.
- **Konsistenz (Consistency – C)**
  Sie ist gegeben, wenn der Datenbestand von einem konsistenten Zustand in einen anderen konsistenten Zustand überführt wird. Konsistenz wird durch Regeln festgelegt, die z. B. verhindern können, dass ein Datum „30. Februar" angelegt wird.
- **Isolation (Isolation – I)**
  Sie beschreibt, dass Transaktionen unbeeinflusst von anderen Transaktionen durchgeführt werden.
- **Dauerhaftigkeit (Durability – D)**
  Sie stellt sicher, dass alles, was einmal erfolgreich verarbeitet wurde, dauerhaft gesichert bleibt.

Gut zu wissen | Das *ACID-Prinzip* kann in Big-Data-Systemen häufig nicht (vollständig) umgesetzt werden. Die wünschenswerten Eigenschaften existieren zwar weiterhin, müssen aber meist zu Gunsten anderer Faktoren zurückgestellt und die entstehenden Probleme mit anderen Mitteln kompensiert werden.

Ergänzend lässt sich festhalten, dass auch hier eine Entwicklung stattfindet und moderne Big-Data-Systeme in Teilen (wieder) in der Lage sind, *ACID-Prinzipien* zu gewährleisten.

6.8 Was ist das CAP-Theorem?

Je nach Systemgröße kann es schwierig sein, weltweit verteilt operierende Speichernetzwerke zuverlässig zu betreiben.

Gut zu wissen | Das *CAP-Theorem* beschreibt die (inzwischen bewiesene) Annahme, dass von den drei wünschenswerten Eigenschaften *Konsistenz (C)*, *Verfügbarkeit (A)* und *Toleranz gegenüber Netzwerkbrüchen (P)* im Big-Data-Umfeld maximal zwei durchgängig gleichzeitig erreichbar sind.

- **Konsistenz (Consistency – C)**
  Sie beschreibt die Eigenschaft eines Systems, bei jedem Aufruf (egal an welcher Stelle des Systems), zuverlässig einen überall gültigen Wert der Daten (den „richtigen" Wert) zurückzuliefern.
- **Verfügbarkeit (Availability – A)**
  Sie ist gegeben, wenn Datennetzwerke ohne Unterbrechung und mit akzeptablen Antwortzeiten reagieren.
- **Toleranz (Partition Tolerance – P)**
  Toleranz gegenüber Netzwerkbrüchen (**Partition Tolerance** – **P**) liegt vor, wenn das Datenbanksystem auch funktioniert, obwohl z. B. durch die Beschädigung von Kabeln das Netzwerk physisch gerade getrennt ist und eigentlich zwei separate Netzwerke vorliegen.

Da bei Big-Data-Anwendungen in der Regel eine Verfügbarkeit seitens der Kunden immer gefordert wird und durch die starke Vernetzung nicht mehr ausgeschlossen werden kann, dass es zu Netzwerkbrüchen kommt, wird oft eine Aufweichung der Konsistenzbedingung akzeptiert. Dieses kontra-intuitive Vorgehen lässt sich verstehen, wenn man typische Einsatzzwecke von Big-Data-Anwendungen betrachtet. Überspitzt ausgedrückt: Greifen zwei Nutzer auf ihr soziales Netzwerk zu, aber sehen kurzfristig unterschiedliche Beiträge im *Newsfeed*, ist das für den Anbieter weniger problematisch als die Nichtverfügbarkeit der Seite.

Gut zu wissen | Bei verteiltem System wird häufig eine *eventual consistency*, eine letztendlich eintretende Konsistenz akzeptiert, die das

System erreicht, wenn es nur über einen genügend langen Zeitraum die Möglichkeiten erhält, die Datensätze entsprechend der vorliegenden Mechanismen zu synchronisieren.

6.9 Wie speichern soziale Netzwerke ihre Daten?

Das Funktionieren und der Nutzen *sozialer (Online-)Netzwerke* basieren auf den Beziehungen ihrer Mitglieder – sowohl untereinander als auch zu Unternehmen, Schulen, Vereinen etc. Anders als bei Verkäufen in einem Online-Shop sind weniger einzelne Transaktionen relevant, sondern die Beziehungen der gespeicherten Elemente. *Graphdatenbanken* tragen diesem Umstand Rechnung und speichern Daten in einer Graphstruktur, also in einer Menge von *Knoten*, z. B. den Mitgliedern, die durch *Kanten*, also Beziehungen, verknüpft sind.

Diese Datenbanksysteme beinhalten ebenfalls Funktionen, die sehr schnell und effizient herausfinden können, welcher Abstand, also wie viele Stationen, zwischen zwei Elementen liegen oder welche Beziehungen naheliegend wären (am Beispiel: Piet Pawlowski könnte vielleicht Rita Aurora von der Schule kennen). Diese spezielle Speicherform unterstützt damit die Funktionen der sozialen Netzwerke („Vielleicht kennen Sie auch...?")

Graphdatenbanken gehören zur Familie der NoSQL-Datenbanken.

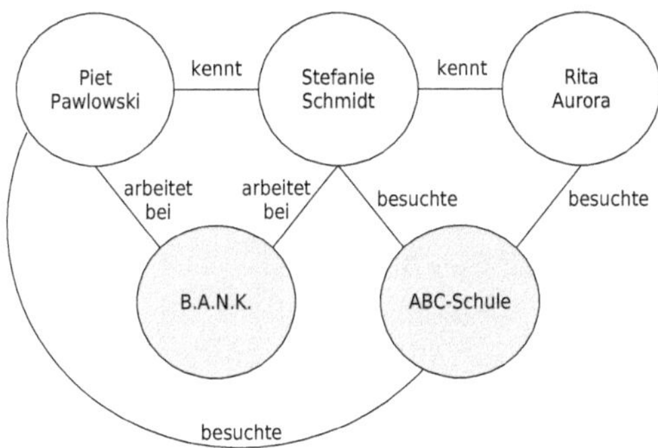

Abb. 2: Beispielinhalt einer Graphdatenbank

6.10 Was ändert sich durch dokumentenorientierte Speicherung?

Relationale Datenbanksysteme, die seit vielen Jahren der meistverwendete Datenbanktyp sind, basieren auf Tabellen (Relationen). In jeder Tabelle stehen Informationen zu bestimmten Entitäten, z. B. zu Angestellten und Büroräumen. Wenn eine Verknüpfung zwischen zwei Tabellen, hier Angestellten und Büroräumen, hergestellt werden soll, muss in der einen Tabelle auf die andere verwiesen werden. So könnte zu jedem Angestellten die zugeordnete Büronummer notiert werden. Ist der Angestellte bekannt, kann das Büro ermittelt werden und in der Bürotabelle können die Eigenschaften des Büros abgelesen werden (z. B. die Quadratmeterzahl).

In der dokumentenorientierten Speicherung entfällt diese starre Trennung. Stattdessen werden alle Informationen zu einem Objekt oder Subjekt in einem Dokument gespeichert, relevante Informationen werden verschachtelt eingebaut (*nesting*). So werden z. B. in einem Dokument „Angestellter Paul Pawlowski" nicht nur die Daten des Angestellten gespeichert, sondern verschachtelt darin auch die Daten des Büros, in dem er arbeitet, der Abteilung, der er zugehörig ist, der Projekte, die er bearbeitet usw.

Dies führt zu einem sehr schnellen Abruf aller Daten. Wird das Dokument zu einem Angestellten aus der Datenbank abgerufen, liegen alle denkbar relevanten Informationen sofort vor. Nachteilig ist die doppelte Speicherung von Informationen, denn die Projektinformationen könnten genauso noch bei einigen wenigen bis hundert anderen Angestellten „mitgespeichert" sein. Ändert sich etwas am Projekt, muss es überall geändert werden.

Gut zu wissen | Die dokumentenorientierte Speicherung folgt der Frage: „Was werde ich abrufen wollen?" und nicht der Frage: „Welche Daten habe ich und wie speichere ich sie möglichst platzsparend?". Es finden sich zwischen dokumentenorientierten Datenbanken und relationalen Datenbanken durchaus Ähnlichkeiten in den Strukturen. Die Vorgehensweise bei Speicherung und Abfrage ist aber sehr unterschiedlich, was zu einem Umdenken beim Anwender führen muss.

6.11 Wie können große Datenmengen schneller abgerufen werden?

Der Abruf großer Datenmengen kann eine erhebliche Zeit in Anspruch nehmen, wenn die zu Grunde liegende Technologie nur einen langsamen Zugriff auf die Daten erlaubt. Verteilte Speichersysteme bieten eine Möglichkeit, Zugriffe zu parallelisieren und damit zu beschleunigen.

Eine weitere Möglichkeit ist, die verwendeten Speichermedien so zu wählen, dass insbesondere Daten, die besonders häufig oder nach Aufnahme in Echtzeit ausgewertet werden sollen, auf schnelleren Medien liegen. In der Hierarchie der Speichermedien gilt in der Regel: Was schneller ist, ist teurer und kleiner. Durch die technologische Entwicklung und effiziente Fertigungsverfahren besteht heute aber durchaus die Möglichkeit, Hauptspeicherelemente (die eigentlich dem Computer als „temporärer Zwischenspeicher" dienen, während bestimmte Programme ausgeführt werden) als Massenspeicher einzusetzen. Diese *In-Memory-Datenbanken* verfügen über eine deutlich höhere Zugriffsgeschwindigkeit als Festplatten oder *Solid State Disks* (*SSD*).

Zusätzlich kann die Art der Datenspeicherung verändert werden. Big Data dient häufig für Analysezwecke, was bedeutet, dass für einzelne Abfragen nur einzelne Eigenschaften von Datensätzen relevant sind. So speichert ein Online-Auktionshaus vielleicht Millionen Gebote, die abgegeben wurden (mit Uhrzeit, Höhe, Artikelnummer, Bietendem etc.), für eine Analyse der Aktivität nach Tageszeiten interessiert aber nur die Uhrzeit.

Traditionelle Systeme sind häufig *zeilenorientiert* aufgebaut, d. h., sie können nur alle oder keine Informationen auslesen und filtern erst im Nachhinein die relevanten Eigenschaften heraus. In-Memory-Systeme hingegen sind oft *spaltenorientiert* gestaltet. Sie sind besonders effizient, wenn nur bestimmte Eigenschaften analysiert werden sollen, verlieren aber an Performance, wenn vollständige Datensätze zurückgegeben werden müssen.

Gut zu wissen | *In-Memory-Datenbanken* nutzen heute vergleichsweise günstig verfügbare, sehr schnelle Hauptspeicher, um große Datenmengen schneller abzurufen. Sie verwenden zudem eine spaltenorientierte Speicherung, die für analytische Auswertungen oft vorteilhaft ist.

6.12 Ist Hyperscaling nur ein Hype?

Hyperscaling beschreibt den sehr starken Einsatz von Methoden zur Skalierung von Systemen, wie sie im Rahmen von *Cloud Computing* und verteilter Speicherung eingesetzt werden. Entsprechende Systeme passen ihre Größe schnell und elastisch dem aktuellen Bedarf an und stellen eine fundamentale Basis für Big-Data-Anwendungen, insbesondere im Bereich des *Cloud Computing* dar. *Hyperscaling* ist damit nur eine besonders leistungsstarke Variante der zuvor beschriebenen Verfahren, die im Big-Data-Bereich längst etabliert sind und bestehen bleiben werden.

6.13 Was passiert, wenn ein Datenserver ausfällt?

Unterschiedliche Datenbanksysteme gehen mit dem Ausfall eines oder mehrerer Server unterschiedlich um, was ein deutliches Differenzierungskriterium für einzelne Anbieter sein kann, wenn die verwendete Strategie besonders performant ist. In einer Speichereinheit (bestehend aus mehreren vernetzten Datenservern) ist in der Regel ein Server eine Art *Verteiler* oder *Hauptserver*, der bestimmt und registriert, welche Daten wo landen oder von wo abgerufen werden. Fällt einer der übrigen, reinen Speicherserver aus, so muss der Verteiler nur dafür Sorge tragen, dass er nicht mehr verwendet wird, bis er repariert oder ersetzt wurde. Da die verteilten Systeme über *Backup*-Strukturen verfügen, sind in der Regel keine Datenverluste zu befürchten, ggf. sinkt aber die Performance der gesamten Speichereinheit etwas, weil weniger Datenserver die Aufgaben bewältigen müssen.

Egal, wie die innere Struktur der Speichereinheit ist, problematisch ist immer der Ausfall des Verteilers. Manche Datenbanksysteme halten daher „*Backup*-Verteiler“ vorrätig, andere ernennen (temporär oder dauerhaft) einen der übriggebliebenen Datenserver zum neuen Hauptserver.

Analysemethoden

Dieses Kapitel verrät unter anderem, wie sich *Big Data* analysieren lässt. Es geht im Zuge dessen auch auf die Visualisierung von Daten ein. Es verrät zudem, in welchem Zusammengang *Big Data* und *Künstliche Neuronale Netze* stehen und wie mit Texten und Sprache umgegangen wird.

7.1 Erklären Korrelationen Zusammenhänge?

Das Vorhandensein großer Datenbestände führt manchmal dazu, dass alle möglichen Konstellationen dieser Daten betrachtet werden, um Zusammenhänge aufzudecken, die in irgendeiner Form interessant, gewinnbringend oder auf andere Art und Wiese vorteilhaft sind. *Korrelation* ist ein statistisches Maß, das den Zusammenhang zwischen Datensätzen beschreibt. Dabei verwenden Programme – z. B. eine übliche Tabellenkalkulationssoftware – häufig den Korrelationskoeffizienten nach *Bravais-Pearson.* Er beschreibt, in welchem Maße sich zwei Datenmengen linear „in die gleiche Richtung bewegen". Vereinfacht gesagt: Ein positiver Wert (größer null bis maximal eins) drückt auch einen positiven Zusammenhang aus, wie er z. B. bei Kindern zwischen Alter und Gewicht besteht (je älter ein Kind, desto größer ist es üblicherweise). Negative Werte drücken den gegenteiligen Zusammenhang aus.

Problematisch ist dabei einerseits, dass bei der unreflektierten Verwendung falsche Arten von Zusammenhängen gefunden werden können, denn Zusammenhänge müssen nicht linear sein, sondern können z. B. exponentiell sein, wie die Entwicklung von Bakterienkulturen über die Zeit. Andererseits tauchen bei einer genügend großen Datenmenge fast immer irgendwelche Zusammenhänge auf. So liegt der Korrelationskoeffizient, der den Zusammenhang zwischen der Scheidungsrate im US-Bundesstaat Maine und dem Pro-Kopf-Verbrauch von Margarine in den USA beschreibt (2000–2009) bei 0,9926 (vgl. Vigen, 2023). Dennoch ist vermutlich keins von beiden die Ursache für das andere.

Gut zu wissen | *Korrelation* bedeutet nicht Kausalität. Analysen auf Big Data sind dazu geeignet auch vorher nicht vermutete Zusammenhänge aufzudecken – erklärt werden sie von einem automatisierten Analyseprozess aber in der Regel nicht.

7.2 Wie kann Big Data visualisiert werden?

Big Data beschreibt bekanntermaßen, dass eine hohe Varietät in den Daten vorliegt, also nicht nur Zahlen, sondern auch Text, Bilder, Videos, Audiodaten etc. Für die Visualisierung von Zahlen lassen sich alle üblichen und bekannten Verfahren verwenden, da sich auch bei großen Datenmengen Zahlen immer zusammenfassen lassen oder Mittelwerte und ähnliche Kennzahlen gebildet werden können.

Eine typische Darstellung für Textdaten hingegen ist die *Word Cloud*, (auch: *Tag Cloud*). Diese ermittelt die häufigsten Worte innerhalb eines Textes und bereitet diese grafisch auf, indem die Größe eines Wortes mit der Häufigkeit steigt. Die Art der Anordnung der Worte dient zumeist nur dazu, den Platz gut auszufüllen. *Word Clouds* sind ein beliebtes und häufig eingesetztes Mittel, bieten aber eher eine schnell generierbare, illustrierende Sicht auf einen Text, als dass sie für systematische Analysen einsetzbar sind.

Abb. 3: Eine *Word Cloud* basierend auf Kapitel 6 dieses Buches (für die Erstellung vgl. Davies, 2023 mit Genehmigung für beliebige Verwendung)

7.3 Wie schaffen grafische Auswertungen Übersicht?

Während *Word Clouds* zur Darstellung eines Textes wiederum Worte, also Textbestandteile, darstellen, kann es für die Betrachtung kompletter Schriftstücke hilfreich sein, eine grafische Übersicht zu schaffen. Eine Darstellungsform, die insbesondere im Rahmen diverser Plagiatsprüfungen von Dissertationsschriften der Öffentlichkeit bekannt geworden ist, stellt jede Seite eines Buches als gefärbte Linie dar. Alle Linien, also Seiten, hintereinander vermitteln auf einen Blick einen Eindruck vom Gesamtwerk. Nachfolgende Abbildung stellt beispielhaft dar, wie dies für eine Schrift aussehen kann, die Seiten ohne Plagiat (weiß), mit Plagiatsanteilen (grau) oder vollständigen Plagiaten (schwarz) enthält.

Abb. 4: Beispielhafte Darstellung des Ergebnisses einer Plagiatsprüfung

Das gleiche Prinzip kann auf beliebige Schriften oder auch transkribierte Video- und Audioaufnahmen angewendet werden. So lassen sich z. B. die vorherrschenden Farben von Filmszenen extrahieren oder auf Basis des gesprochenen Wortes Stimmungen oder Szenetypen in den Filmszenen ermitteln wie „Freude“, „Ärger“, „Feier“, „Schlechte Nachricht“ etc. (vgl. Hohman et al., 2017). Die folgende Abbildung stellt beispielsweise dar, wie ein Film in 100 einzelne Szenen zerlegt werden kann. Je positiver die ermittelte Stimmung, desto heller das Feld. So kann z. B. die geschaltete Werbung auf die vorherige Szene angepasst werden. Gleichermaßen können auch Aufnahmen von Produktionsprozessen oder Verkehrssituationen ausgewertet und übersichtlich dargestellt werden.

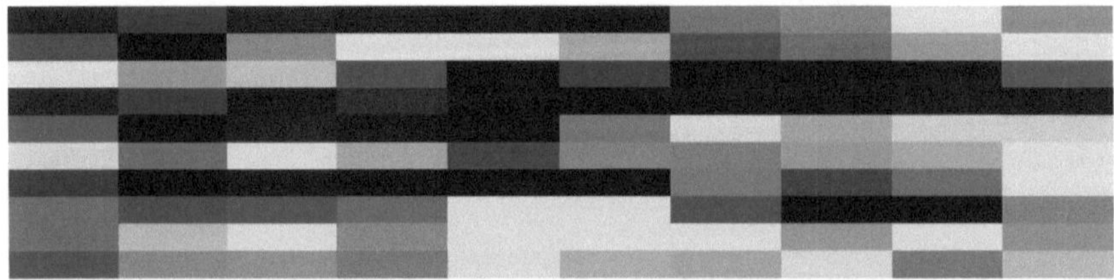

Abb. 5: Grafische Darstellung der Stimmung in einem Film über die Zeit in 100 Zeitblöcken (dunkel: negativ, hell: positiv)

7.4 Kann Big Data für Auswertungen reduziert werden?

Problematisch bei der Auswertung und vor allem Darstellung großer Datenmengen ist nicht unbedingt die Anzahl an Datensätzen, die vorliegt, sondern deren Komplexität und Umfang, was sich durch die Anzahl ermittelter Eigenschaften einzelner Datensätze ausdrücken lässt.

Das entspricht auch dem natürlichen Problem, das Menschen bei der Analyse komplexer Daten haben. Werden z. B. für Produkte diverse Eigenschaften notiert (Preis, Höhe, Gewicht, Lebensdauer, Produktionszeit etc.), so können nur wenige davon direkt in eine grafische Darstellung einfließen. Statistische Verfahren wie die *Hauptkomponentenanalyse* (*Principal Component Analysis*) können auch für Big Data eingesetzt werden, um die Anzahl an Eigenschaften durch Zusammenfassen zu reduzieren. Für Big Data wird häufig *t-SNE* eingesetzt, ein Verfahren, dass auch unstrukturierte Daten basierend auf erkannten Ähnlichkeiten im 2- oder 3-dimensionalen Raum darstellt (vgl. Maaten/Hinton, 2008). Die folgende Abbildung zeigt dies für handschriftlich notierte Ziffern, bei denen eine Ähnlichkeit auf Basis der Hell-/Dunkelfärbung einzelner Bildteile ermittelt wurde. Die Zahlen/Farben stellen die eigentliche Zahl dar. Analysten erhalten so z. B. einen Überblick darüber, wie Datenmengen aufgebaut sind oder wie präzise Algorithmen diese aufbereiten können.

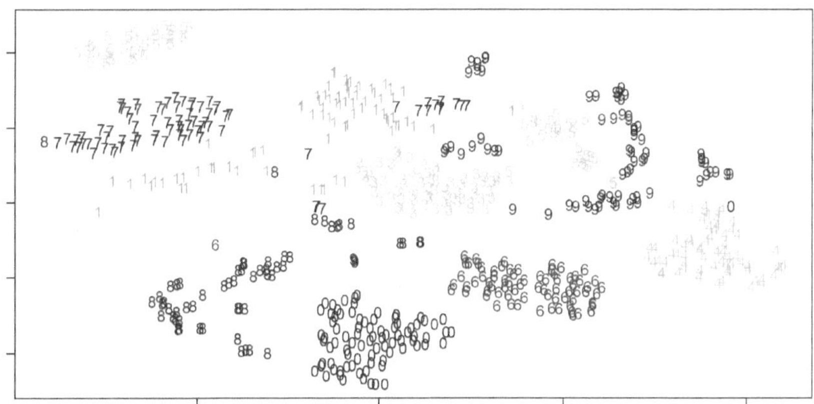

Abb. 6: t-SNE-Darstellung der Ähnlichkeit von handgeschriebenen Ziffern

7.5 Sind klassische Analysemethoden noch einsetzbar?

So wie Big Data bestehende Datenhaltungs- und Datenverarbeitungsarchitekturen und -verfahren nicht komplett ersetzt, bleiben auch die bisher erfolgreich entwickelten und eingesetzten Analyseverfahren zunächst erhalten. Zum einen enthalten Big-Data-Sammlungen auch strukturierte Daten und numerische Daten, die nach wie vor mit klassischen Analyseverfahren betrachtet werden können, zum anderen lassen sich viele der unstrukturierten Daten so aufbereiten oder umformen, dass sie mit klassischen Methoden verarbeitbar sind. Dies mag zunächst widersinnig wirken, sollen doch aus Big Data Informationen extrahiert werden, die vorher nie greifbar waren, ist aber sinnvoll, wenn man berücksichtigt, dass die eigentlichen Probleme oder Fragstellungen, für die die klassischen Verfahren entwickelt wurden, auch bei Big Data bestehen. Klassische Analysemethoden existieren z. B. als Teil des *Data Mining*, was als Mustererkennung in Daten bezeichnet wird und damit im Kern auch die Idee von Big-Data-Analysen beschreibt. Dabei können folgende Bereiche grob unterschieden werden (vgl. Witten et al., 2017):

- **Klassifikation**
  Klassifikation beschreibt die Zuordnung von Objekten zu festgelegten Klassen, z. B. die Bestimmung von fehlerhaften Teilen im Produktionsprozess oder das Erkennen von Gegenständen auf Fotos.
- **Clustering**
  Das *Clustering* oder die Segmentierung ist die Einteilung von Objekten in Gruppen, z. B. die Identifikation von Kundengruppen oder Wartungszuständen von Maschinen.
- **Prognose**
  Die Prognose wird üblicherweise als Vorhersage von numerischen Werten auf Basis schon bekannter numerischer Werte verstanden.
- **Assoziationsanalyse**
  Die Assoziationsanalyse ist das Erkennen von Zusammengehörigkeiten einzelner Elemente und daraus ableitbarer Regeln, beispielsweise zur Bestimmung, welche Produkte in Online-Shops zusammen betrachtet oder gekauft werden.

Gut zu wissen | Neue Datenstrukturen erfordern nicht automatisch vollständig neue Algorithmen, sondern können zu großen Teilen sehr effektiv mit (angepassten) bestehenden Analysemethoden (z. B. des *Maschinellen Lernens* oder *Data Mining*) gewinnbringend untersucht werden.

7.6 Was zeigt Zusammenhänge in Daten auf?

Egal wie groß und unterschiedlich eine Datenmenge ist, eine der häufigsten Fragestellungen ist, wie Ähnlichkeiten in Daten bestimmt und darauf basierend die Daten zu Gruppen zusammengefasst werden können. Das gilt für Kundengruppen in Online-Shops, Themengruppen in *Wikipedia*, politische Gruppierungen auf (Mikro-)Blogging-Plattformen, Expertengruppen auf beruflichen sozialen Netzwerken etc.

Gruppen werden durch Segmentierung, also Einteilung von Daten bestimmt, was in der Regel als *Clustering* bezeichnet wird. *Clustering* ist dabei ein sogenanntes *unüberwachtes Lernverfahren* des *Maschinellen Lernens* – weder der Algorithmus noch die Analyseersteller wissen, was als Ergebnis herauskommt oder herauskommen sollte.

Gut zu wissen | *Clustering* gruppiert ähnliche Objekte zusammen und erstellt im Ergebnis Gruppen (*Cluster*), die untereinander möglichst unterschiedlich sein sollten. Dazu muss zuvor festgelegt werden, was *Ähnlichkeit* bei den gegebenen Daten bedeutet.

Zwei Produkte könnten sich beispielsweise ähnlich sein, wenn sie annähernd gleich groß, gleich schwer und gleich teuer sind. Das trifft auf Rotwein und Weißwein zu, leider aber auch einige Verpackungen von Schimmelentferner. Zudem muss Ähnlichkeit nicht immer über Gleichartigkeit des Äußeren bestimmt sein. Schlauchboote und Wassereis sind sich sehr unähnlich, die Verkaufszahlen über das Jahr sind sich aber deutlich ähnlicher als die von Wassereis und Lebkuchen.

Werden unstrukturierte Daten mit einbezogen, ist zudem zu berücksichtigen, wie die Ähnlichkeit von Videos oder Tonaufnahmen bestimmbar ist, damit zwei Jazzstücke als ähnlich erkannt werden. Zur Verarbeitung von Big Data müssen daher in einer Vorverarbeitung bestimmte Eigenschaften der Daten extrahiert und aufbereitet werden. Dies allerdings kann in Teilen automatisch geschehen.

Andersherum kann Big Data dabei helfen, eine Wissensbasis zu bilden. Werden Millionen von Texten analysiert, kann ermittelt werden, welche Wörter häufig zusammen auftreten. Die Annahme ist dann, dass diese zusammengehörig sind, was in anderen Analysen direkt verwendet werden kann.

7.7 Warum hilft Big Data bei der Objekterkennung?

Unter den für Big Data relevanten Fragestellungen haben Probleme der Klassifikation einen hohen Stellenwert. Dabei geht es weniger um den klassischen Fall der Kreditwürdigkeitsprüfung, das gerne als Beispiel bemüht wird, sondern um den Wunsch, dass automatisierte Verfahren komplexe Entscheidungen treffen. Dies gilt für Schachspielen („Welcher Zug ist der beste?") oder autonomes Fahren („Muss das Auto ausweichen oder abbremsen?") genauso wie für die *Objekterkennung*.

Bei der Objekterkennung werden Bilddaten (oder prinzipiell auch andere Daten) ausgewertet, um zu erkennen, welche Objekte abgebildet sind. Dadurch lassen sich Smartphone-Apps realisieren, die die abfotografierte Pflanze bestimmen, oder Algorithmen in sozialen Netzwerken, die anhand der hochgeladenen Bilder erkennen, an welchen Gegenständen oder auch Unternehmensmarken Personen Interesse besitzen. Noch weiter spezialisierte Verfahren erkennen Gesichter oder Personen an der Art ihres Gangs, was z. B. in Überwachungs- und Sicherungssystemen Verwendung finden kann.

Gut zu wissen | Durch die große Menge an verfügbaren Daten unterschiedlicher Form, können Big-Data-Verfahren einen großen Pool an Informationen aufbauen, mit dem sie neue Bilder vergleichen können. Das neue Objekt wird dann auf Basis der größten Gemeinsamkeit mit bekannten Klassen zugeordnet.

Maschinelle Verfahren, die durch Training Gemeinsamkeiten identifizieren und speichern, werden dem *überwachten Lernen* zugeschrieben, da die „korrekten Zuordnungen" hier für die vorhandenen Daten bekannt sind und der Algorithmus sich selbst verbessern kann.

Gut zu wissen | Klassifikationsalgorithmen können deutlich mehr Daten betrachten als Menschen es könnten und entdecken häufig Zusammenhänge, die kaum nachvollziehbar sind. So lässt sich mit Hilfe von Fotografien des inneren Auges fast fehlerlos das Geschlecht der zugehörigen Person bestimmen (vgl. Poplin et al., 2018).

7.8 Sind Künstliche Neuronale Netze Teil von Big Data?

Im ganzen Umfeld von Big Data, *Data Science*, Datenanalyse etc. ist selten eine Methode, ein Vorgehen oder ein Konzept explizit „Teil" von etwas anderem. Bestimmte analytische Konzepte eignen sich aber für Big Data besonders oder werden davon besonders gut unterstützt.

Gut zu wissen | *Künstliche Neuronale Netze* ahmen prinzipiell die Struktur des menschlichen Gehirns nach und benötigen sehr große Datenmengen, um die vielen einzelnen *Neuronen* miteinander korrekt zu verschalten und den vielen Verbindungen zwischen Input und Output die richtige Gewichtung zuzuweisen. Big Data ist daher gleichzeitig geeigneter Datenlieferant und Analysegegenstand der Netzwerke.

Die folgende Abbildung stellt den groben Aufbau eines *Künstlichen Neuronalen Netzwerkes* vor: Die Inputschicht nimmt Informationen aus den Daten entgegen (z. B. Farben oder Hell-/Dunkel-Informationen aus Bildern), die versteckte(n) (*hidden*) Schicht(en) kombinieren diese Informationen und im Output wird ein Ergebnis zurückgeliefert. *Künstliche Neuronale Netze* können aus Tausenden oder Millionen dieser Neuronen bestehen und benötigen dann zum Aufbau extrem leistungsfähige Hardware.

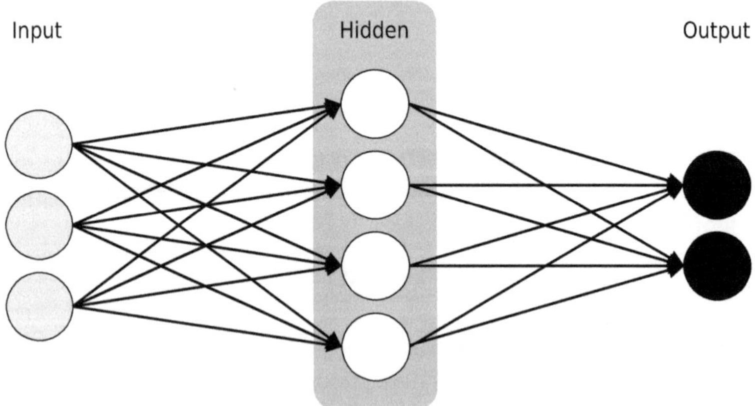

Abb. 7: Aufbauschema von einfachen *Künstlichen Neuronalen Netzen*

7.9 Wie werden Texte analysiert?

Im einfachsten Fall werden Texte darauf reduziert, dass sie Ansammlungen von Wörtern sind. Sollen mehrere Texte z. B. auf ihre Ähnlichkeit hin analysiert werden, so können zunächst die Wörter gezählt werden und im Nachgang werden die Texte als ähnlich bestimmt, die die gleichen Wörter häufig oder weniger häufig verwenden.

Mit *Text Mining* existiert eine Gruppe von Verfahren, die seit vielen Jahren angewendet werden, um Texte in unterschiedlicher Form zu analysieren. Das Zählen der Wörter ist dabei eine durchaus gängige Variante, bedarf aber diverser Vorüberlegungen und Anpassungen. So muss z. B. Groß- und Kleinschreibung angeglichen werden, damit Satzanfänge nicht anders bewertet werden als Wörter in der Satzmitte. Grammatikalisch bedingte Veränderungen von Wörtern müssen „zurückgebaut" werden, damit „analytisch", „Analyse" und „Analysen" alle als ein Wort betrachtet werden. Es wird daher häufig nur der Wortstamm verwendet, das entsprechende Vorgehen wird *stemming* genannt. Auch sind nicht alle Wörter für eine Analyse relevant, z. B. bieten „der", „die" und „das" keinen besonderen Mehrwert. Diese *Stopwords* werden daher entfernt. Abschließend muss noch ein Maß festgelegt werden, mit dem die Ähnlichkeit quantifiziert werden kann. Hier kommt als eine Möglichkeit das eingangs beschriebene Zählen der Wörter zum Einsatz. Die daraus bestimmbaren Häufigkeiten von Wörtern geben Dokumenten ihre Charakteristik und die *Kosinus-Ähnlichkeit* liefert dann numerische Werte, die für ein späteres *Clustering* verwendet werden können.

Gut zu wissen | *Text Mining* beschreibt Verfahren, die, ähnlich wie *Künstliche Neuronale Netze*, nicht explizit für Big Data entwickelt wurden, aber im Kontext von Big Data weiter an Bedeutung gewonnen haben.

Neben der Ähnlichkeit von Dokumenten können auch Aussagen über Inhalte oder Stimmungen (sogenannte *sentiments*) getroffen werden, was weitere Analysen bedingt. Alle Verfahren können zudem an die Gegebenheiten der Texte angepasst werden, z. B. indem berücksichtigt wird, dass Wörter, die nur in wenigen Texten vorkommen, für die Festlegung der Charakteristika besonders berücksichtigt werden.

7.10 Welche Probleme bereitet Sprachverarbeitung?

Natürliche Sprache wird im Rahmen von Big-Data-Analysen bei der Aufbereitung von Schriftstücken, aber auch bei der Verarbeitung von Telefonmitschnitten, *Chatbot*-Interaktion oder der Steuerung von persönlichen Assistenten auf Smartphone oder im *Smart Home* verarbeitet. Je nach Einsatzzweck bestehen diverse Hindernisse, die überwunden werden müssen, von denen im Folgenden einzelne aufgeführt sind:

- Das System muss für die **verwendete Sprache** (Deutsch, Englisch etc.) konfiguriert sein und diese Sprache überhaupt aufbereiten können.
- **Ironie** und **Sarkasmus** sind für die meisten Systeme nur sehr schwer, wenn überhaupt, zu erkennen und können die Analyse verzerren.
- **Fehler** in der Sprache müssen erkannt und ggf. korrigiert werden.
- **Feststehende Begriffe** und **Eigennamen** sind schwer erkennbar.
- **Kurze, abgehackte Sätze** oder Kommentare bieten häufig zu wenig Informationen, um einen direkten Nutzen herauszuziehen.

Insbesondere zum letzten Punkt lässt sich ergänzen, dass in Systeme nur schwer eine Erinnerungs- und Kontextfunktion zu integrieren ist. Solche Konzepte werden z. B. durch komplexe *Künstliche Neuronale Netzwerke*, die über *Gedächtnisfunktionen* verfügen, abgebildet. Um diese für Sprache anwendbar zu machen, arbeiten häufig Teams aus Informatik, Sprachwissenschaft, dem Ingenieurwesen und anderen Forschungsbereichen interdisziplinär zusammen.

Große Fortschritte in diesem Feld haben Textgeneratoren wie z. B. *ChatGPT* von *OpenAI* gemacht. Sie sind in der Lage natürlich-sprachliche Texte zu analysieren und Antworten auf diese Texte zu generieren. Dabei wird der bisherigen *Chat*-Verlauf berücksichtigt. Solche Systeme können also vorher benutzte Zusammenhänge in den *Chat*-Verlauf einbeziehen.

Gut zu wissen | Die Schwierigkeiten in der Sprachverarbeitung liegen auf unterschiedlichen Ebenen. Zunächst muss erst Sprache identifiziert werden (insbesondere in Audioaufnahmen). Im Anschluss muss diese aufbereitet und auswertbar gemacht werden. In der Auswertung müssen Inhalte extrahiert und kontextsensitiv betrachtet werden.

7.11 Kann Big Data Wähler analysieren?

Im Zuge von Big-Data-Analysen ist mehrfach über den Einsatz von personenindividueller Wahlwerbung berichtet worden. Dieses *Mikrotargeting* basiert auf der Verarbeitung großer und umfassender Daten über einzelne Individuen. Die Informationen können dabei z. B. ihren Profilen in sozialen Netzwerken entstammen, aber auch öffentlich zugänglichen Firmenwebsites, Vereinszeitschriften und Videoaufnahmen von Konzerten oder politischen Versammlungen.

Gelingt es, die Informationen zu verknüpfen und einzelnen Personen zuzuordnen, können diese spezifisch angesprochen werden, indem ihnen vor Wahlen besonders die Themen oder Positionen eines Kandidaten vermittelt werden, die voraussichtlich zu ihrer politischen Haltung passen. Technisch sind diese Analysen (in unterschiedlichen Ländern unterschiedlich gut) machbar, die rechtlichen und ethischen Aspekte werden an anderer Stelle dieses Buchs diskutiert.

7.12 Sieht Big-Data-Analyse-Software aus wie in Filmen?

Nein.[2] Wenn in einem Film (um ein etwas übertriebenes Beispiel zu wählen) eine Regierungsorganisation die Baupläne von Gebäuden in Nordafghanistan mit Fotos aus Südaustralien und Tonaufnahmen aus New York vergleicht und daraus ein 3D-Modell eines Banküberfalls in London generiert (alles in einem einzigen Programm), ist das eher Fiktion. In der Realität benötigt es zumeist saubere Überlegungen, viel Datenaufbereitung und einiges an Zeit, um überhaupt Mehrwert aus Daten zu schaffen – der dann ästhetisch nicht unbedingt ansprechend sein muss. Unternehmen sollten ihre Erwartungshaltung entsprechend anpassen.

---

2 *Nein* ist ein sehr absolutes Wort und soll hier etwas relativiert werden. Es gibt auch Filme und TV-Serien, die überzeugend die Vorgehensweisen in der betrieblichen Realität darstellen – mehrheitlich überwiegt aber vermutlich der Unterhaltungsfaktor.

7.13 Ist Process Mining ein „Muss"?

Um diese Frage zu beantworten, muss man verstehen, was *Process Mining* überhaupt ist. Unter *Process Mining* ist eine Technik des Prozessmanagements zu verstehen, die darauf abzielt, Prozesse in Unternehmen aufzudecken, zu analysieren und zu verbessern. Dabei werden die Daten, die während der Ausführung eines Prozesses erzeugt werden, automatisch erfasst und analysiert.

Gut zu wissen | Üblicherweise existiert eine Idealvorstellung eines Prozesses. Die Realität sieht aber auch hier anders aus. Bezogen auf Prozesse bedeutet das: Prozesse stoppen unvermutet oder brechen ab, nehmen Abkürzungen oder durchlaufen eine Schleife.

Um zu erkennen, wie die Prozesse tatsächlich ablaufen, setzen Unternehmen *Process Mining* ein. Dazu werden die Ereignisdaten, die während der Ausführung von Geschäftsprozessen auftreten, erfasst und analysiert. *Process Mining Tools* nutzen diese Daten, um Prozesse zu visualisieren und zu analysieren. Dabei werden Techniken des *Data Mining*, der statistischen Analyse und der Visualisierung eingesetzt, um Muster und Abweichungen in den Prozessabläufen zu identifizieren.

Liegen diese Informationen vor, können Unternehmen z. B. erkennen, wieviel Prozent ihrer Prozesse nach der Idealvorstellung ablaufen, wie viele Prozessvarianten es gibt, wo Engpässe und Flaschenhälse auftreten und wo es Potenzial für Effizienzsteigerung und Kosteneinsparung gibt.

Aus diesen Erkenntnissen ergeben sich Prozessanpassungen oder -änderungen, die ihrerseits wieder überprüft und optimiert werden. *Process Mining* ist ein Kreislauf, der in Unternehmen kontinuierlich durchgeführt werden soll.

Werkzeuge

Dieses Kapitel verrät unter anderem, womit *Big-Data*-Datenmodelle erstellt werden, womit im Bereich *Big Data* programmiert und wie das richtige Datenbanksystem ausgewählt wird. Es geht auch darauf ein, welche Hardware für die Analyse benötigt wird und wie *Process Mining Tools* funktionieren.

8.1 Was ist Hadoop?

Gut zu wissen | *Hadoop* ist ein *Open Source Framework* für Big-Data-Anwendungen. Der Ausdruck *Framework* beschreibt dabei die Tatsache, dass es sich bei *Hadoop* nicht um eine einzige Software handelt, sondern vielmehr um eine Sammlung von unterschiedlichen Bausteinen, die in Summe dazu geeignet sind, große Datenmengen effizient zu verarbeiten.

Laut Angaben des Entwicklers, der *Apache Software Foundation*, besteht *Hadoop* derzeit aus vier wesentlichen Modulen (vgl. The Apache Software Foundation, 2023).

- **Hadoop Common** stellt die Basisfunktionen bereit, die benötigt werden um die weiteren Module von *Hadoop* betreiben und verwalten zu können.
- Das **Hadoop Distributed File System** ist einer der Kernbestandteile von *Hadoop*. Als verteiltes Dateisystem unterstützt es Ablage und Abfrage von Daten über diverse Systeme hinweg in hoher Geschwindigkeit.
- **Hadoop YARN** kümmert sich um die korrekte Durchführung von Aufgaben und die Verwaltung der angeschlossenen Ressourcen.
- **Hadoop MapReduce** wird für die parallele Verarbeitung von Anfragen über unterschiedliche Speichersysteme eingesetzt.

Zu den genannten Modulen kommen diverse weitere Softwareentwicklungen hinzu, die im *Hadoop*-Kontext genutzt werden können und z. B. *Data-Warehouse*-Funktionalitäten, *Stream Processing*, SQL-Zugriffe, *In-Memory-Verarbeitung*, *Machine-Learning*-Algorithmen und weiteres bieten.

8.2 Womit werden Big-Data-Datenmodelle erstellt?

Im Big-Data-Kontext besteht grundsätzlich die Problematik, dass Datenmodelle für unstrukturierte und häufig vorher nicht genau bekannte Daten erstellt werden sollen – so jedenfalls nehmen es einige Anwender wahr. Tatsächlich ändert sich aber an einigen fundamentalen Problemen nichts.

Unabhängig davon, welche Daten beispielsweise für eine Kundenanalyse verwendet werden sollen, muss zunächst eine zentrale Frage beantwortet werden: Wer oder was ist eigentlich Gegenstand der Analyse? Um z. B. Kunden als solche identifizieren zu können, müssen Eigenschaften festgelegt werden, auf die die erhobenen Daten geprüft werden können.

Um dies abzubilden, existieren zwei unterschiedliche Konzepte: *Schema-on-write* ist der klassische Ansatz, bei dem vorgegeben wird, wie Daten abzuspeichern sind, damit im Anschluss Auswertungen problemlos durchgeführt werden können. Modelle dieser Art können nach wie vor mit jedem für eine semantische Datenmodellierung geeigneten Programm durchgeführt werden – entscheidend ist weniger das „Womit?“ als vielmehr das „Was?“ und „Wie?“.

Anwender, die bisher ein bevorzugtes Programm zu Erstellung von ER-Modellen hatten, können dieses daher häufig auch weiterverwenden. Die Überführung auf logischer und physischer Ebene ist wiederum abhängig von der verwendeten Speicherlösung (NoSQL-Datenbanken, *Hadoop* etc.) und dem entsprechenden Schema (*Key Value Store*, Graphdatenbank etc.).

Alternativ können *Schema-on-read*-Ansätze zum Tragen kommen, die erst beim Auslesen von nicht zuvor strukturierten Daten ein Datenmodell über die Rohdaten legen. Das wirkt z. B. für einen *Data Lake* wie ein naheliegender Ansatz, führt aber auch dazu, dass Big-Data-Analysten einen Großteil ihrer Zeit mit der (nachträglichen) Aufbereitung von Daten zubringen müssen. Auch hier hängt die Wahl des Modellierungstools maßgeblich von der verwendeten Big-Data-Lösung ab.

8.3 Womit wird im Bereich Big Data programmiert?

Gut zu wissen | Es gibt für Big Data nicht nur eine und insbesondere auch nicht eine beste *Programmiersprache.* Unter den häufigsten befinden sich *Java, Python, R, C++* und *Scala.* Je nach Software, Einsatzzweck und Herstellerbindung kommen diverse weitere Sprachen hinzu.

Erfahrene Programmierer besitzen zumeist Kenntnisse in mehr als einer Programmiersprache und haben im Laufe ihres (Berufs-)Lebens auch mehrere Sprachen, teilweise parallel zueinander, eingesetzt. Das liegt zum einen daran, dass sich Programmiersprachen weiterentwickeln oder neue Sprachen alte ersetzen, zum anderen haben unterschiedliche Sprachen aber auch durchaus unterschiedliche Einsatzgebiete, in denen sie besonders gut sind. Einige sind explizit für mathematische oder statistische Probleme konzipiert, andere sind besonders hardwarenah gestaltet und versprechen sehr schnelle Laufzeiten, wieder andere legen Wert auf einfache Erlernbarkeit oder möglichst viele Schnittstellen zu anderen Sprachen oder Systemen.

Fünf der Sprachen, die im Big-Data-Kontext üblich sind, werden im Folgenden kurz vorgestellt.

- **Java**
  Java (eingetragene Marke, ursprünglich im Besitz von *Sun Microsystems,* welches 2010 von *Oracle* aufgekauft wurde) ist eine objektorientierte Programmiersprache, die seit Beginn der 1990er-Jahre entwickelt und verwendet wird. Sie ist Bestandteil eines größeren Technologiesystems, das neben der reinen Programmiersprache auch weitere Funktionsbibliotheken, Programmierwerkzeuge und Laufzeitumgebungen bereitstellt. *Java* zeichnet sich unter anderem durch eine große Plattformunabhängigkeit aus, was den Betrieb von in *Java* geschriebenen Programmen auf vielen unterschiedlichen Systemen ermöglicht.
  Java ist im Big-Data-Umfeld auch deshalb stark verbreitet, weil relevante Bestandteile von *Hadoop* in *Java* erstellt wurden, so z. B. das *Hadoop Filesystem* und die *MapReduce*-Plattform. Diverse weitere Programme aus dem *Hadoop*-Umfeld verwenden die Laufzeitumgebung, die *Java* bereitstellt, darunter *Kafka, Spark* und *Storm* (alles eingetragene Marken von *The Apache Software Foundation*).

- **Python**
  Phyton (eingetragene Marke der *Python Software Foundation*) ist eine plattformunabhängige Sprache, die mehrere Programmierparadigmen unterstützt, also nicht auf z. B. objektorientierte Entwicklung beschränkt ist. *Python* ist im Laufe der letzten Jahre immer populärer geworden und wird häufig als leicht zu erlernen und zu lesen beschrieben. Unter anderem die häufige Verwendung von *Python* für die Nutzung von *Tensorflow*, einem *Framework*, das speziell im Bereich *Künstliche Neuronale Netzwerke* populär und verbreitet ist, hat dazu geführt, dass *Python* im Bereich Big Data anerkannt ist. Diverse Funktionsbibliotheken bieten analyseunterstützende Funktionen, darunter *Pandas, matplotlib, scikit-learn, NumPy* und *SciPy.*
- **R**
  R ist eine frei verfügbare statistische Programmiersprache, die für Datenanalysen diverser Arten eingesetzt werden kann. Auch im Big-Data-Kontext existieren für *R* verschiedene Funktionsbibliotheken, die entsprechende Analysen unterstützen. *R* hat seinen Ursprung allerdings in statistischen Berechnungen und nicht in der Verarbeitung von Massendaten und ist nicht per se für deren Verarbeitung ausgelegt. Dafür bietet *R* eine große Anzahl an Erweiterungen, die Analysen und auch grafische Aufbereitungen gesondert unterstützen. In einzelnen Fällen werden mehrere dieser Pakete wiederum unter einem Gesamtkonzept zusammengefasst und weiterentwickelt (z. B. *tidyverse*).
- **C++**
  C++ ist eine weit verbreitete Programmiersprache und als Weiterentwicklung der Programmiersprache *C* sowie als eine der „Inspirationen" für *Java* in der Programmiersprachenwelt etabliert und vernetzt. In *C++* können Programme hardwarenah entwickelt werden, was zu hoher Effizienz führen kann. Im Big-Data-Bereich wird *C++* daher z. B. für besonders rechenintensive Algorithmen verwendet.
- **Scala**
  Scala (*scalable language*) läuft auf *Java*-Laufzeitumgebungen und zeichnet sich durch eine Integration von funktionalen und objektorientierten Programmierparadigmen aus. *Scala* wird häufig zur Programmierung auf Big-Data-spezifischen Umgebungen (z. B. *Apache Spark*, *Apache Flink etc.*) eingesetzt.

Links zu den Herstellern oder betreuenden Institutionen der einzelnen Programmiersprachen finden sich unter den Online- und Literaturtipps am Ende dieses Buches.

8.4 Welches NoSQL-Datenbanksystem ist das richtige?

Zu unterscheiden ist hier zum einen zwischen den diversen Anbietern und den unterschiedlichen Systemarten. Die Auswahl eines Anbieters ist im Zweifelsfall immer abhängig von den bisher vorhandenen Systemen, den Budgetanforderungen, den Möglichkeiten für Serviceverträge, der Unterstützung durch Online-Communities, der Verbreitung der Datenbank-Software im speziellen Land oder für den speziellen Anwendungsfall und vielen weiteren Faktoren.

Gut zu wissen | Entscheidend ist für die Auswahl einer konkreten Software vor allem, festzulegen, welches NoSQL-System überhaupt benötigt wird, das heißt, in welcher Form die Daten gespeichert werden sollen.

- **Dokumentenorientierte Datenbanken**
  Sie speichern die Daten nicht in vorgegebenen Tabellen, sondern in inhaltlich flexibel auszugestaltenden Dokumenten. Dabei folgt die Speicherung der Frage: „Was werde ich abrufen wollen?“. Daten werden folglich so zusammengespeichert, wie sie hinterher benötigt werden.
- **Key Value Stores**
  Sie verfolgen ein sehr einfaches Speicherprinzip, was sich z. B. für Zwischenspeicher eignet. Zu jedem Wert (*Value*), der gespeichert wird und auch durchaus umfangreich oder komplex sein kann, wird ein eindeutiger Schlüssel (*Key*) abgelegt.
- **Wide Column Stores**
  Sie ähneln den *Key Value Stores*, erlauben aber mehrere Werte zu einem Schlüssel. Die Anzahl der Werte oder Objekte je Schlüssel kann dabei unterschiedlich sein.
- **Graphdatenbanken**
  Sie fokussieren die Speicherung von Beziehungen zwischen Objekten und sind für Netzwerke (von Personen, Objekten etc.) geeignet.
- **Spaltenorientierte Datenbanken**
  Sie ähneln zunächst den „klassischen“ Tabellendatenbanken, fokussieren in der Speicherung aber auf die Spalten (also Attribute) der Datensätze, was für viele Analyseformen Performance-Gewinne bringen kann.

8.5 Existiert eine Standardsoftware für Datenanalyse?

Die Frage nach einem Standard lässt sich häufig nicht so klar beantworten, wie es der Name vermuten lässt. Bei PC-Betriebssystemen oder Bürosoftware (Textverarbeitung, Tabellenkalkulation etc.) lassen sich recht schnell die Unternehmen identifizieren, die die am häufigsten verwendeten Programme erstellen und verkaufen, einen *Standard* im Sinne einer Übereinkunft bilden sie aber nicht und blickt man ein paar Jahre zurück, wechseln Standardanbieter auch durchaus.

Datenanalyse im Bereich Big Data, so wie sie heute verstanden wird, ist ein vergleichsweise junges Feld, auf dem viele unterschiedliche Unternehmen Angebote vorhalten. Die Marktführer in den Bereichen Bürosoftware haben ihre Programme zumeist um mehr oder weniger umfangreiche Analysefunktionen aufgestockt. Marktführer im Bereich integrierte Unternehmenssoftware (*Enterprise Resource Planning, ERP*) haben umfangreiche Möglichkeiten geschaffen, die Unternehmensdaten um weitere Quellen anzureichern, Datenmodelle aufzubauen und visuell unterstützte Analysen zu erstellen.

Statistiker, Analysten, Mathematiker und Informatiker, aber auch Wissenschaftler anderer, stark datengetriebener Bereiche (vor allem mit unstrukturierten Daten), darunter Biologie, Chemie und Physik haben sich die Entwicklungen im Bereich der (statistischen) Programmiersprachen zu Nutze gemacht und ihre Analysemöglichkeiten erheblich durch den Einsatz von Funktionsbibliotheken für spezielle Anwendungsfälle erweitert.

Technologieunternehmen, die in der Lage waren, spezialisierte Hardware für Analysen zu erstellen, haben zwangsläufig auch auf der Softwareseite Entwicklungen vorangetrieben, damit ihre Hardware auch adäquat genutzt werden kann. Speicherhersteller haben insbesondere nach Möglichkeiten gesucht, die Datenablage effektiv und effizient zu gestalten und bei der Datenausgabe auch Analysefunktionen direkt mit vorgesehen.

Gut zu wissen | Den einen Standard im Bereich Datenanalyse gibt es ebenso wenig wie eine Standardsoftware mit überwältigendem Marktanteil.

8.6 Wird spezielle Hardware für die Analysen benötigt?

Da Big Data sich nicht nur, aber auch durch eine große Menge an Daten kennzeichnet, ist auch eine *Infrastruktur* (Computer-Hardware, Netzwerke) vorzusehen, die große Mengen an Daten speichern und verarbeiten kann. Die Durchführung von Big-Data-Analysen erfordert zudem entsprechende Rechenkapazitäten.

Gleichzeitig hat sich aber insbesondere im NoSQL-Kontext herausgestellt, dass horizontale Skalierung für die Speicherung von Daten gut funktioniert und in vielen Fällen der vertikalen Skalierung überlegen ist. Ein Grundgedanke horizontaler Skalierung ist die Verwendung von nicht extrem spezialisierter Hardware, um sie kostengünstig einkaufen, warten und austauschen zu können.

Gut zu wissen | Im Sinne der NoSQL-Datenbanken ist daher zunächst keine spezielle Hardware erforderlich, ihr Umfang hängt wesentlich von der Menge an zu verarbeitenden Daten ab. Für die eigentliche Analyse hingegen kann teilweise spezialisierte Hardware erforderlich, zumindest aber überproportional hilfreich sein.

Viele Big-Data-Analysen basieren auf der Verwendung *Künstlicher Neuronaler Netze*, die für bestimmte Analyseformen (*Deep Learning*) erhebliche Komplexität und Umfänge erreichen können.

Es hat sich gezeigt, dass für viele Operationen die Verwendung von Grafikkarten anstelle von klassischen Rechnerprozessoren gewinnbringend ist, da diese in der Durchführung spezieller Rechenoperationen deutlich effektiver sind, z. B., weil sie in der Regel mehr Rechenoperationen parallel durchführen können. Einzelne Unternehmen haben sich diese Erkenntnisse zu Nutze gemacht und spezialisierte Hardware für existierende *Deep-Learning*-Software entwickelt (als Beispiel seien hier *Tensor Processing Units*, TPUs, genannt, die *Google* für die Nutzung von *tensorflow*-gestützten Operationen entwickelt hat (vgl. Google, 2023a)).

8.7 Wie funktionieren Process-Mining-Werkzeuge?

Prozessdaten zu visualisieren und zu analysieren, erfordert spezielle Tools (z. B. *celonis* oder *SAP Signavio*). Zunächst muss der Umfang der Analyse definiert werden und ein Modell des Prozesses, wie er zur Zeit der Analyse verlaufen soll, erstellt werden. Dann werden die Daten aus den operativen Systemen gelesen und in das *Process-Mining*-Tool übertragen.

Die Visualisierung der Prozessschritte zeigt die Vielfalt der Ausführungen. Üblicherweise werden zunächst einmal die Prozessvarianten nach Häufigkeit untersucht. So können erste Erkenntnisse gewonnen werden, welche Abweichung vom definierten Prozess vorliegen. Diese Informationen nutzen die Unternehmen, um zu prüfen, ob die Abweichung in den Prozess integriert werden soll oder muss. Die Entscheidung ist dann im Hinblick auf die Effizienz und Effektivität des Prozesses zu treffen.

Eine einmalige Prozessanalyse ist allerdings wenig sinnvoll. Die optimierten Prozesse führen zu neuen Prozessmodellen, die mit den operativen Daten gefüttert also mit den dann gültigen Prozessabläufen abgeglichen werden. Das sich dann ergebende Optimierungspotenzial führt zu neuen Prozessmodellen und so weiter und so fort.

Recht und Umfeld

Dieses Kapitel verrät unter anderem, warum es wichtig ist, Daten zu schützen und was beispielsweise die Europäische Union und die USA dafür tun. Es geht auch darauf ein, welche Bedeutung in diesem Kontext die *IT Security* in Unternehmen hat.

9.1 Was ist Data Governance?

Data Governance steht für ganzheitliches Management von Daten, die in einem Unternehmen oder einer Organisation verwendet werden. Es beinhaltet Richtlinien und Vorgehensweisen, um die Qualität, den Schutz und die Sicherheit der Daten zu gewährleisten und sorgt für die Einhaltung rechtlicher Vorgaben. Damit ist *Data Governance* für alle Mitarbeiter, die mit Daten zu tun haben, essenziell.

Gut zu wissen | *Data Governance* beschreibt das gesamte Management der Verfügbarkeit, Integrität und Sicherheit von Daten, die in einem Unternehmen verwendet werden.

Die Bedeutung von Daten als wichtige unternehmerische Ressource wächst und bekommt mit allgegenwärtigen Schlagworten wie *Big Data*, *Industrie 4.0* oder *Digitale Transformation* neuen Auftrieb. Insbesondere durch die Digitalisierung der Industrie steigt die Menge an jährlich erzeugten Daten besonders in Unternehmen noch weiter an (vgl. Voigt/Seidel, 2016).

Daten haben für die Unternehmen einen *Wert* und werden damit zu unternehmerischen Vermögensgenstände, mit denen man sorgfältig und zielgerichtet umgehen will. Bisherige Kategorien wie Datensicherheit und Datenschutz reichen für den Umgang mit Daten nicht mehr aus. Dies führt zu einer zunehmenden Fokussierung auf den verantwortungsbewussten und professionellen Umgang mit den verfügbaren Daten.

Insgesamt weist das *Data Governance Framework* sechs Bereiche und zugehörige Kernthemen auf, die für die Umsetzung einer *Data Governance* im Unternehmen von Bedeutung sind

- Strategie,
- Aufbauorganisation,
- Richtlinien,
- Prozesse und Standards,
- Messen und Beobachten,
- Technologie und
- Kommunikation (vgl. Abb. 8).

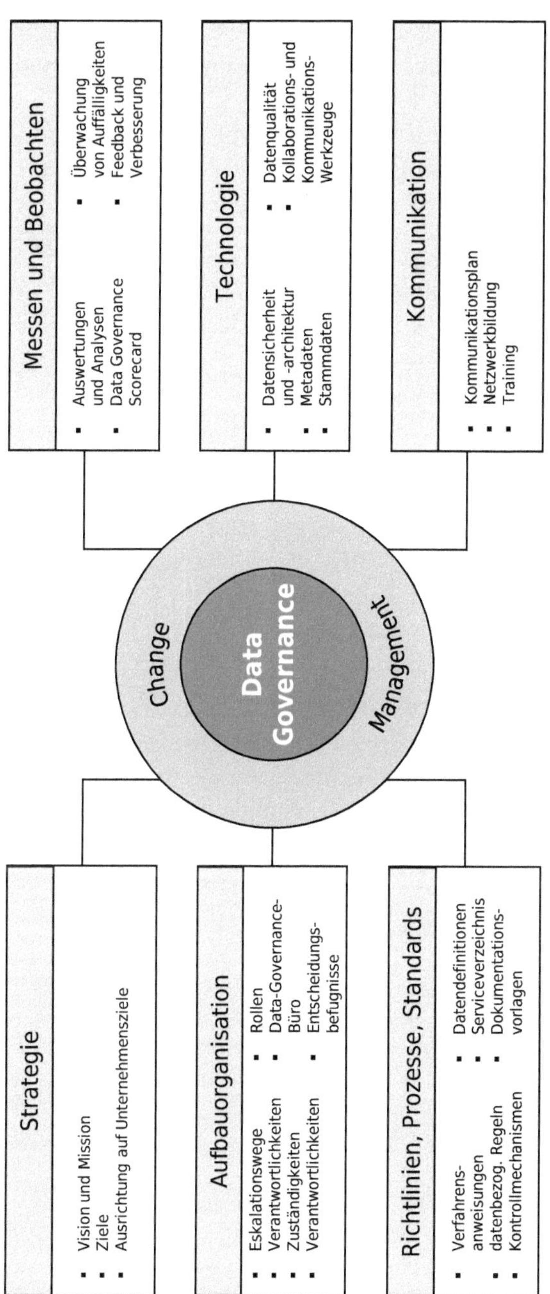

Abb. 8: Data Governance Framework (in Anlehnung an Gluchowski, 2020)

Eine *Data-Governance*-Richtlinie beschreibt wie das entsprechende Unternehmen seine Daten leicht zugänglich und zugleich korrekt gespeichert, sicher und einheitlich ablegen kann. Sie legt darüber hinaus fest, wer für die gespeicherten Informationen verantwortlich ist und auf welche Weise mit den Daten umgegangen werden soll. Um eine effektive *Data Governance* sicherzustellen, muss besonders auf folgende Punkte geachtet werden:

- **Datenqualität**
  Die Überwachung der Datenqualität ist ein wichtiger Teil der Data Governance, um sicherzustellen, dass die Daten zuverlässig und vollständig sind.
- **Datenschutz und Datensicherheit**
  Es müssen Regeln und Prozesse definiert werden, um Datensicherheit und Datenschutz zu gewährleisten.
- **Verantwortlichkeiten**
  Es müssen klare Verantwortlichkeiten für die Verwaltung von Daten definiert werden, um sicherzustellen, dass die Daten ordnungsgemäß verwaltet werden.
- **Datenintegrität**
  Die Überwachung der Integrität von Daten ist wichtig, um sicherzustellen, dass die Daten korrekt und vollständig sind.
- **Transparenz**
  Es müssen Regeln und Prozesse festgelegt werden, die eine hohe Transparenz bei der Verwaltung von Daten sicherstellen.
- **Zugriffsrechte**
  Es müssen Regeln und Prozesse definiert werden, um die Kontrolle über den Zugriff auf Daten zu gewährleisten.

9.2 Was versteht man unter Data Privacy?

Gut zu wissen | *Data Privacy* bezieht sich auf den Schutz der Daten, die privater und geschäftlicher Natur sind.

Es geht darum, sicherzustellen, dass personenbezogene Daten geschützt und vertraulich behandelt werden und dass deren Verarbeitung und Übertragung rechtmäßig erfolgt. *Data Privacy* beinhaltet Regeln für die Datensammlung, -verarbeitung und -nutzung sowie die Überwachung und Einhaltung dieser Regeln.

Bei *Data Privacy* müssen unter anderem folgende rechtliche Aspekte berücksichtigt werden:

- **Datenschutzgesetze**
  In vielen Ländern existieren spezifische Datenschutzgesetze, die die Verarbeitung personenbezogener Daten regeln, wie z. B. das EU-Datenschutzrecht (DSGVO) oder das US-Datenschutzrecht (CCPA).
- **Einwilligung des Benutzers**
  Es muss sichergestellt sein, dass Benutzer ihre ausdrückliche Einwilligung für die Verarbeitung ihrer Daten gegeben haben.
- **Transparenz**
  Es müssen Informationen über die Art und Weise bereitgestellt werden, wie personenbezogene Daten verarbeitet werden, einschließlich des Zwecks, der Dauer der Speicherung und der Art und Weise, wie Benutzer ihre Daten einsehen und ändern können.
- **Datensicherheit**
  Es müssen angemessene technische und organisatorische Maßnahmen ergriffen werden, um die Datensicherheit zu gewährleisten, einschließlich des Schutzes vor Verlust, Beschädigung oder Missbrauch.
- **Datenübertragbarkeit**
  Benutzer müssen in der Lage sein, ihre Daten in ein gängiges Format zu übertragen und sie an einen anderen Anbieter weiterzugeben.

Es ist wichtig, dass Unternehmen sich über die geltenden Gesetze und Regulierungen im Bereich *Data Privacy* informieren und diese in ihre Geschäftspraktiken einbeziehen.

9.3 Was regelt die DSGVO?

Gut zu wissen | *DSGVO* ist die Abkürzung für die *Datenschutz-Grundverordnung* (*General Data Protection Regulation*, GDPR) der EU. Sie ist ein EU-weites Rechtsinstrument, das den Schutz personenbezogener Daten regelt.

Es bestimmt, wie Daten erhoben, verarbeitet, gespeichert und genutzt werden dürfen. Dabei müssen die Rechte der betroffenen Personen gewahrt bleiben. Die DSGVO legt auch Pflichten für Unternehmen und Organisationen fest, die personenbezogene Daten verarbeiten. Hierzu gehören:

- **Rechte der betroffenen Personen**
  Die betroffene Person hat das Recht auf Auskunft, Berichtigung, Löschung, Einschränkung der Verarbeitung, Datenübertragbarkeit und Widerspruch.
- **Pflichten der Verantwortlichen**
  Verantwortliche müssen die Einhaltung der DSGVO sicherstellen, Datenschutz-Folgenabschätzungen durchführen, ein Datenschutz-Management-System einrichten und einen Datenschutzbeauftragten benennen.
- **Pflichten des Auftragsverarbeiters**
  Auftragsverarbeiter müssen sicherstellen, dass sie die personenbezogenen Daten nur im Rahmen der Vorgaben des Verantwortlichen verarbeiten und dabei einen angemessenen Schutz der Daten sicherstellen.
- **Verfahren zur Überwachung und Durchsetzung**
  Die zuständigen Behörden haben die Befugnis, Überwachungsmaßnahmen durchzuführen und Verstöße zu ahnden.

9.4 In welchem Verhältnis steht das BDSG zur DSGVO?

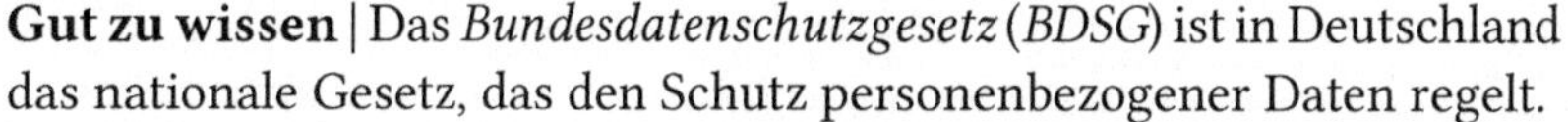

Gut zu wissen | Das *Bundesdatenschutzgesetz* (*BDSG*) ist in Deutschland das nationale Gesetz, das den Schutz personenbezogener Daten regelt.

Es steht in einem Verhältnis zur Datenschutz-Grundverordnung (DSGVO) der Europäischen Union, da es die Umsetzung der DSGVO auf nationaler Ebene darstellt und die Regelungen der DSGVO konkretisiert und ergänzt. Das BDSG gilt für alle Unternehmen und öffentliche Einrichtungen, die in Deutschland Daten verarbeiten. Es ist wichtig, dass sowohl die DSGVO als auch das BDSG beachtet werden, um einen wirksamen Schutz personenbezogener Daten sicherzustellen.

Das BDSG regelt insbesondere die Aufsichtsorgane für die Unternehmen und öffentliche Einrichtungen. So ist zum Beispiel der *Bundesbeauftragten für den Datenschutz und die Informationsfreiheit* (BfDI) für die Aufsicht der Bundesbehörden und Post- und Telekommunikationsdienstleister zuständig.

9.5 Können Daten ohne Probleme in die USA übertragen werden?

Safe Harbor war eine Übereinkunft zwischen der EU und den USA, die den Schutz personenbezogener Daten für die Übertragung von Daten von Europa in die USA regelte. Die Übereinkunft stellte sicher, dass die Daten, die von europäischen Unternehmen an US-Unternehmen übertragen werden, den gleichen Schutz genießen, wie sie ihn in Europa hätten. Im Oktober 2015 wurde die Übereinkunft jedoch von dem *Europäischen Gerichtshof* aufgehoben, was den Datenschutz für europäische Bürger bei Übertragungen in die USA beeinträchtigte.

Privacy Shield wurde 2016 als Ersatz für das frühere Übereinkommen *Safe Harbour* geschaffen und ist auch ein Übereinkommen zwischen der Europäischen Union (EU) und den USA, das die Übertragung personenbezogener Daten von Europa in die USA regelt. Es soll sicherstellen, dass die schutzwürdigen Daten von EU-Bürgern auch in den USA den gleichen Schutz genießen wie in Europa, insbesondere im Hinblick auf den Zugriff auf die Daten durch US-Behörden.

Es gibt keine neuen Regelungen für die Datenübertragung in die USA. Nach dem Schutz- und Übertragbarkeitsbeschluss (*Schrems II*) vom 16. Juli 2020 sind die bisherigen Übertragungsmechanismen wie das EU-US *Privacy Shield* ungültig.

Gut zu wissen | Unternehmen müssen jetzt alternative Übertragungsmechanismen wie Standardvertragsklauseln, interne Regeln und Überprüfungen, Garantien und Zertifizierungen nutzen. Es ist wichtig, dass Unternehmen die Datenübertragung und ihre Vereinbarkeit mit den Datenschutzgesetzen genau überwachen.

9.6 Was versteht man unter IT-Security?

Gut zu wissen | *IT Security* bezieht sich auf den Schutz von IT-Systemen, Netzwerken und Daten vor unbefugtem Zugriff, Missbrauch oder Verlust.

IT Security kann durch verschiedene Maßnahmen erreicht werden, darunter:

- **Zugriffskontrolle**
  Überprüfung der Berechtigungen eines Benutzers, bevor er auf bestimmte Systeme oder Daten zugreifen kann.
- **Verschlüsselung**
  Verschlüsselung von Daten, um sicherzustellen, dass nur autorisierte Benutzer sie lesen können.
- **Firewalls**
  Einsatz von Firewalls, um unerwünschte Netzwerkverbindungen zu blockieren.
- **Überwachung**
  Überwachung von IT-Systemen und Netzwerken, um Verstöße gegen Sicherheitsrichtlinien zu erkennen.
- **Schulungen**
  Schulung von Benutzern, um ihr Verständnis für IT-Sicherheit zu erhöhen und das Bewusstsein für mögliche Bedrohungen zu schärfen.
- **Updates**
  Regelmäßige Updates von Software und Systemen, um Schwachstellen zu beheben und die Sicherheit zu erhöhen.

Es gibt verschiedene Managementsysteme, die dazu beitragen können, eine *IT Security* herzustellen. Beispiele hierfür sind das *ISO/IEC 27001 Informationssicherheitsmanagement-System*, das *NIST-Framework für Cybersecurity* sowie der *IT-Grundschutz-Katalog* des *Bundesamts für Sicherheit in der Informationstechnik*. Diese Systeme legen Prozesse, Verfahren und Technologien fest, die zur Umsetzung einer effektiven *IT Security* beitragen können.

Glossar

Algorithmen

Sie helfen dabei, komplexe Muster in großen Datenmengen zu erkennen und Vorhersagen zu treffen. Algorithmen können z. B. auf Entscheidungsbäumen, neuronalen Netzen oder Support-Vektor-Maschinen basieren. *Maschinelles Lernen* ist ein Teilbereich der *Künstlichen Intelligenz.* Es konzentriert sich darauf, Algorithmen zu entwickeln, die aus Daten lernen können, ohne explizite Anweisungen für jeden Fall zu enthalten.

Business Intelligence

Für diesen Begriff gibt es viele Definitionen. Im Kern bündelt er eine Vielzahl unterschiedlicher Ansätze zur Analyse geschäftsrelevanter Daten. *Business Intelligence* unterstützt in Unternehmen Entscheidungen auf operativer und strategischer Ebene. Komplexere Fragestellungen in Unternehmen lassen sich mithilfe der *Business Analytics* beantworten. Sie nutzt fortgeschrittene Analysetechniken, beispielsweise *Data Mining.*

Data Engineering

Das *Data Engineering* bezieht sich auf den Prozess der Verarbeitung, Speicherung und Verwaltung von Daten, um sie für Analytik und *Business Intelligence* bereitzustellen. Dazu gehören Aufgaben wie Datenintegration, Datenverarbeitung, Datenspeicherung und -management. Es ist Voraussetzung für die effektive Nutzung von Big Data.

Data Governance

Es steht für ein ganzheitliches Datenmanagement in einem Unternehmen bzw. in einer Organisation. Es beinhaltet Richtlinien und Vorgehensweisen, um die Qualität, den Schutz und die Sicherheit der Daten zu gewährleisten. Es sorgt somit auch für die Einhaltung rechtlicher Vorgaben. Es ist für alle

Mitarbeiter, die mit Daten im Unternehmen bzw. der Organisation arbeiten, essenziell.

Data Lake

Er beinhaltet bzw. speichert Rohdaten, möglichst ohne starke Struktur oder Hierarchie. Ziel eines *Data Lakes* ist es, Daten je nach Fragestellung oder Analyse neu zu verknüpfen. Dafür müssen Sie ggf. in eine einheitliche Form gebracht werden. Protokollierung und Dokumentation sind hierfür sehr wichtig. Werden Daten in einem *Data Lake* nicht verwaltet, entwickelt er sich zu eine *Data Swamp*, also einem Datensumpf, der keine Auswertung der Daten mehr ermöglicht.

Data Literacy

Sie beschreibt die Fähigkeit, Daten zu verstehen, zu interpretieren und effektiv zu kommunizieren. Sie stellt eine Datenkompetenz dar, die dazu befähigt, mit Daten planvoll umzugehen.

Data Mining

Beim *Data Mining* geht es um das Entdecken von Mustern und Zusammenhängen in großen Datenmengen. Durch *Data-Mining*-Techniken wie *Clustering*, Klassifikation oder Assoziationsanalyse können verborgene Beziehungen zwischen Daten aufgedeckt werden, die dabei helfen, Vorhersagen zu treffen. *Data Mining* ist ein Teilgebiet der *Data Science.*

Data Privacy

Data Privacy beinhaltet Regeln für die Datensammlung, -verarbeitung und -nutzung sowie die Überwachung und Einhaltung dieser Regeln. Sie stellt sicher, dass personenbezogene Daten geschützt und vertraulich behandelt werden und dass deren Verarbeitung und Übertragung rechtmäßig erfolgt.

Data Warehouse

Im *Data Warehouse* sind zahlreiche verarbeitete Daten eines Unternehmens gespeichert. *Data Warehouses* sind zwar für große, aber nicht für stark veränderliche oder stark wachsende Datenbestände konzipiert. Ihnen liegen somit selektive Daten zugrunde. Die Steuerung erfolgt anhand durchdachter Konzepte. Dadurch unterscheidet es sich von einem *Data Lake.*

Data Warehouses erlauben es beispielsweise, definierte Kennzahlen zur Finanzanalyse zu liefern. Das *Data Warehouse* kann bei Bedarf um einen Big-Data-Anteil ergänzt werden. Dabei kann dann ein *Data Lake* hilfreich sein.

Künstliche Intelligenz

Sie befähigt Computer, menschenähnliche Intelligenz zu demonstrieren. Mit künstlicher Intelligenz können Computer komplexe Aufgaben ausführen, z. B. Muster, Bilder und Objekte erkennen oder aber Sprache verarbeiten oder Vorhersagen machen und schließlich Entscheidungen treffen. Künstliche Intelligenz kann somit auch personalisierte Empfehlungen für beispielsweise Produkte oder Dienstleistungen aussprechen, was im E-Commerce nützlich sein kann.

Künstliche Neuronale Netze

Sie ahmen im Prinzip die Struktur des menschlichen Gehirns nach. Sie benötigen extrem große Datenmengen, um die vielen einzelnen Neuronen miteinander korrekt zu verschalten und den vielen Verbindungen zwischen Input und Output die richtige Gewichtung zuzuweisen. *Big Data* ist daher gleichzeitig geeigneter Datenlieferant und Analysegegenstand solcher Netzwerke.

Online- und Literaturtipps

Websites

Gut zu wissen | Die nachfolgend aufgeführten Websites stellen eine lose, wertungsfreie und unabhängige Sammlung von themenbezogenen Informationen dar. Sie wurden nach bestem Wissen von den Autoren dieses Buches zusammengestellt und geprüft. Für die Inhalte der Websites übernehmen die Autoren keinerlei Haftung und/oder Verantwortung.

C++

🔗 **https://isocpp.org/**
© 2023 Standard C++ Foundation

C++ ist eine weit verbreitete Programmiersprache, in der Programme hardwarenah entwickelt werden können, was zu hoher Effizienz führen kann. Im Big-Data-Bereich wird *C++* daher z. B. für besonders rechenintensive Algorithmen verwendet.

DB Engines Ranking

🔗 **https://db-engines.com/de/ranking**
© 2023 solid IT GmbH

Das *DB Engines Ranking* erstellt eine monatlich aktualisierte Liste von Datenbankmanagementsystemen. Diese werden nach „Popularität" bewertet, die verwendete Berechnungsmethode ist auf der Seite dargestellt. Die

Seitenbetreiber weisen selbst darauf hin, dass nicht Installationen oder dokumentierte Verwendungen der Systeme die Basis für die Reihenfolge der Listeneinträge bilden. Um einen Überblick über den Markt zu bekommen und bei unbekannten Systemen zumindest eine erste, unverbindliche Einschätzung vorzunehmen, kann ein Blick auf die Rangliste hilfreich sein. Zu den vorgestellten Datenbankmanagementsystemen stehen zudem in der Regel weiterführende Informationen bereit.

Java

🔗 **https://www.oracle.com/java/technologies/**
© 2023 Oracle

Java (eingetragene Marke, ursprünglich im Besitz von *Sun Microsystems*, welche im Jahr 2010 von *Oracle* übernommen wurde) ist eine objektorientierte Programmiersprache und Bestandteil eines größeren Technologiesystems, das neben der reinen Programmiersprache auch weitere Funktionsbibliotheken, Programmierwerkzeuge und Laufzeitumgebungen für die in der Programmiersprache erstellen Programme bereitstellt.

Kaggle

🔗 **https://www.kaggle.com**
© 2023 Kaggle Inc.

Kaggle ist als Online-Community für Datenwissenschaftler konzipiert und stellt Diskussionsmöglichkeiten, Datensets und Online-Analysemöglichkeiten bereit. *Kaggle* bietet zudem diverse *Competitions* an, bei denen gestellten Probleme aus dem Bereich Big Data und allgemein aus diversen Bereichen der Datenanalyse gelöst werden müssen. Auf gute Lösungen sind teilweise hohe Preisgelder ausgesetzt.

Periodensystem der künstlichen Intelligenz

---

https://periodensystem-ki.de/

Das *Periodensystem der künstlichen Intelligenz* wurde 2018 von *Bitkom e. V.*, einem Branchenverband von Unternehmen der digitalen Wirtschaft, zur Verfügung gestellt. Es bereitet viele der neuesten Themenfelder in den Bereichen *Künstliche Intelligenz* und Big Data auf und richtet sich nach eigenen Angaben vor allem an Entscheider in Unternehmen, Experten aus dem Politikbereich und Journalisten. Interessierte Leser dieses Buches werden auf den Seiten weiterführende Informationen zu Themenfeldern finden, die die hier beschriebenen Anwendungsgebiete, Geschäftsideen und vorgestellten Technologien ergänzen und erweitern.

Process-Mining-Software

 **https://www.processmining.org/software.html**

Die Forschungsgruppe der *RTWH Aachen* stellt hier eine Übersicht von mehr als 35 verfügbaren *Process Mining Tools* zur Verfügung. Angegeben sind jeweils der Link zur entsprechenden Software sowie in ausgewählten Fällen ergänzende Hinweise, z. B. zu akademischen Programmen.

Python.org

🔗 **https://www.python.org/**

Python ist eine frei verfügbare Programmiersprache, die nicht explizit für den Big-Data-Einsatz konzipiert wurde, aber große Popularität erlangt hat, weil sie als leicht zu erlernen gilt und gute Zugriffe auf spezialisierte Bibliotheken für *Künstliche Neuronale Netzwerke* oder allgemein datenstromorientierte Programmierung wie *Tensorflow* mit sich bringt.

R-Project

🔗 **https://www.r-project.org/**

R ist eine frei verfügbare statistische Programmiersprache, die für Datenanalysen diverser Arten eingesetzt werden kann. Auch im Big-Data-Kontext existieren für *R* verschiedene Bibliotheken (Funktionssammlungen), die entsprechende Analysen unterstützen, so z. B. für *Text Mining* oder diverse Darstellungsverfahren wie *t-SNE*.

Scala

🔗 **https://www.scala-lang.org/**

Scala zeichnet sich durch eine Integration von funktionalen und objektorientierten Programmierparadigmen aus. *Scala* wird häufig zur Programmierung auf Big-Data-spezifischen Umgebunden (z. B. *Apache Spark*, *Apache Flink* etc.) eingesetzt.

Literatur

Ng, A., Soo, K. (2018)
Data Science – was ist das eigentlich?!
Springer, ISBN-13: 978-3662567753

Das Buch liefert eine sehr zugängliche Einführung in das Thema der *Data Science*, die sich im Umfeld von Big Data mit der Analyse und Nutzbarmachung von Daten beschäftigt. Die Autoren geben eine leichtverständliche Übersicht über das Themenfeld und beschreiben einzelne Algorithmen und Analyseformen.

Kling, M.-U. (2019)
Qualityland
Ullstein, ISBN-13: 978-3548291871

Big Data ist kein reines Thema der Wissenschaft, sondern auch der Gesellschaft und ist als solches ebenfalls in der Popkultur angekommen. Der Autor beschreibt in seinem Roman eine von Daten, *Künstlicher Intelligenz* und vorausschauender (oder vorhersagender) Algorithmen geprägte Gesellschaft, in Form einer satirischen Dystopie. Er stellt dar, in welche Richtung Big Data bei problematischer Anwendung führen könnte. 2022 erschien der Nachfolgeband *Qualityland 2.0.*

Die Autoren Im Überblick

Prof. Dr. Detlev Frick lehrt seit 2004 an der Hochschule Niederrhein im Bereich Wirtschaftsinformatik. Vorher hat er lange Zeit im Konzern Deutsche Telekom in verschiedenen leitenden Funktionen im Informationsmanagement gearbeitet. Er beschäftigt sich in Lehre und Forschung mit Data Science, aber insbesondere auch mit ERP-Systemen (vorrangig SAP), Projektmanagement und Programmierung (insbesondere Java).

Prof. Dr. Jens Kaufmann ist Inhaber der Professur für Wirtschaftsinformatik, insb. Data Science an der Hochschule Niederrhein. Zuvor war er mehrere Jahre in der Beratung bei Horváth & Partners sowie im Bereich des Global CIO bei ERGO in Düsseldorf tätig. Er dozierte als Gastprofessor an der University of North Carolina in Charlotte, NC, USA, und beschäftigt sich in Lehre und Forschung schwerpunktmäßig mit der Anwendung von Data Science und ihrem Transfer in die betriebliche Praxis.

Dipl.-Kffr. (FH) Birgit Lankes ist Lehrkraft für besondere Aufgaben. Die überwiegend wirtschaftsinformatischen Veranstaltungen sind durch den Einsatz verschiedenster SAP-Systemen geprägt. Gemeinsam mit Prof. Frick engagiert sie sich für die Erstellung von weltweit nutzbaren Curricula und hat die Hochschule zu einem SAP Next Gen Chapter gemacht.

Verwendete Literatur

Acumen Research and Consulting: Data Analytics Market Size – Global Industry, Share, Analysis, Trends and Forecast 2022 – 2030, https://www.acumenresearchandconsulting.com/data-analytics-market, Abruf am 30.01.2023.

Anthony, R. N.; Dearden, J.; Vancil, R. F.: Management control systems: cases and readings, 2. Aufl., Richard D. Irwin, Homewood, IL, 1966.

Baars, H.; Kemper, H.-G.: Business Intelligence & Analytics – Grundlagen und praktische Anwendungen. 4. Aufl. Springer Gabler, Wiesbaden 2021.

CIA: The World Factbook. Washington, DC: Central Intelligence Agency. https://www.cia.gov/the-world-factbook/countries/sweden/#energy, Abruf am 30.01.2023.

Davies, J.: Word Cloud Generator. https://www.jasondavies.com/wordcloud/, Abruf am 30.01.2023.

Duhigg, C.: How Companies Learn Your Secrets, The New York Times, 2012.

Forbes: How Target Figured Out A Teen Girl Was Pregnant Before Her Father Did, https://www.forbes.com/sites/kashmirhill/2012/02/16/how-target-figured-out-a-teen-girl-was-pregnant-before-her-father-did/?sh=4467dcd96668, Abruf am 20.03.2023.

Ghemawat, S.; Gobioff, H.; Leung, S. T.: The Google file system. In Proceedings of the nineteenth ACM symposium on Operating systems principles, S. 29–43., Association for Computing Machinery, 2003.

Gluchowski, P.: Data Governance. Grundlagen, Konzepte und Anwendungen, dpunkt.verlag, Heidelberg, 2020.

Google (2023): Google Rechenzentren. https://www.google.com/about/datacenters/locations/, Abruf am 30.01.2023.

Google (2023a): Cloud Tensor Processing Units (TPUs). https://cloud.google.com/tpu/docs/tpus?hl=de, Abruf am 30.01.2023.

Hasan, M.: State of IoT 2022: Number of connected IoT devices growing 18 % to 14.4 billion globally, https://iot-analytics.com/number-connected-iot-devices/, Abruf am 30.01.2023.

Hohman, F.; Soni, S.; Stewart, I.; Stasko, J. T.: A Viz of Ice and Fire: Exploring Entertainment Video Using Color and Dialogue. In: 2nd Workshop on Visualization for the Digital Humanities. https://vis4dh.dbvis.de/papers/2017/A%20Viz%20of%20Ice%20and%20Fire%20Exploring%20Entertainment%20Video%20Using%20Color%20and%20Dialogue.pdf, Abruf am 11.04.2023.

IBM: What is batch processing?, https://www.ibm.com/docs/en/zos-basic-skills?topic=jobs-what-is-batch-processing, Abruf am 30.01.2023.

Jones, M.: More Judgment Than Data. Data Literacy and Decision Making, palgrave macmillan Cham, 2022.

Maaten, L. v. d.; Hinton, G.: Visualizing data using t-SNE. In: Journal of Machine Learning Research, 9 (Nov), S. 2579–2605, 2008.

Marz, N.; Warren, J.: Big Data: Principles and best practices of scalable real-time data systems, Shelter Island: Manning, 2015.

Poplin, R.; Varadarajan, A. V.; Blumer, K. et al.: Prediction of cardiovascular risk factors from retinal fundus photographs via deep learning. In: Nature Biomedical Engineering, 2, S. 158.164, 2018.

Rydning, J.: Worldwide IDC Global DataSphere Forecast, 2022–2026: Enterprise Organizations Driving Most of the Data Growth, https://www.idc.com/getdoc.jsp?containerId=US49018922, Abruf am 30.01.2023.

Schön, D.: Planung und Reporting im BI-gestützten Controlling. 4. Aufl. Springer Gabler, Wiesbaden 2022.

Stieg, C .: How this Canadian start-up spotted coronavirus before everyone else knew about it, https://www.cnbc.com/2020/03/03/bluedot-used-artificial-intelligence-to-predict-coronavirus-spread.html, Abruf am 12.04.2023.

The Apache Software Foundation: Apache Hadoop, https://hadoop.apache.org/, Abruf am 30.01.2023.

The Economist: The world's most valuable resource is no longer oil, but data (06.05.2017), https://www.economist.com/leaders/2017/05/06/the-worlds-most-valuable-resource-is-no-longer-oil-but-data, Abruf am 12.04.2023.

The Radicati Group: Email Statistics Report, 2022–2026, https://www.radicati.com/?p=17936, Abruf am 30.01.2023.

Velleman, P. F.: Truth, Damn Truth, and Statistics. Journal of Statistics Education, 16:2, DOI: 10.1080/10691898.2008.11889565, Informa UK Limited, 2008

Vigen, T.: Spurious Correlations, https://tylervigen.com/spurious-correlations, Abruf am 30.01.2023.

Weber, J.; Schäffer, U.: Einführung in das Controlling, Schäffer-Poeschel, Planegg 2022.

Witten, I. H.; Frank, E.; Hall, M. A.; Pal, C. J.: Data mining: practical machine learning tools and techniques. 4. Aufl. Morgan Kaufmann, Cambridge, MA, 2017.

Wo sich welches Stichwort befindet

Frag doch einfach!

Klare Antworten aus erster Hand

Die utb-Reihe „Frag doch einfach!“ beantwortet Fragen, die sich nicht nur Studierende stellen. Im Frage-Antwort-Stil geben Expert:innen kundig Auskunft und verraten alles Wissenswerte rund um das Thema. Die wichtigsten Fachbegriffe stellen sie zudem prägnant vor und verraten, welche Websites, YouTube-Videos und Bücher das Wissen vertiefen.
So lässt sich leicht in ein Thema einsteigen und über den Tellerrand schauen.

Bisher sind erschienen:

Michael von Hauff
Nachhaltigkeit für Deutschland? Frag doch einfach!
2020, 190 Seiten
ISBN 978-3-8252-5435-3

Claudia Ossola-Haring
Ein Start-up gründen? Frag doch einfach!
2020, 238 Seiten
ISBN 978-3-8252-5436-0

Roman Simschek, Arie van Bennekum
Agilität? Frag doch einfach!
3. Auflage, 2023, 197 Seiten
ISBN 978-3-8252-6055-2

Martin Oppelt
Demokratie? Frag doch einfach!
2021, 202 Seiten
ISBN 978-3-8252-5446-9

Florian Kunze, Kilian Hampel, Sophia Zimmermann
Homeoffice und mobiles Arbeiten? Frag doch einfach!
2021, 190 Seiten
ISBN 978-3-8252-5664-7

Gerald Pilz
Mobilität im 21. Jahrhundert? Frag doch einfach!
2021, 230 Seiten
ISBN 978-3-8252-5662-3

Anke Brinkmann, Gabriele Dreilich, Christian Stadler
Virtuelle Teams führen? Frag doch einfach!
2022, 148 Seiten
ISBN 978-3-8252-5780-4

Andreas Koch
Armut? Frag doch einfach!
2022, 179 Seiten
ISBN 978-3-8252-5554-1

Barbara Schmidt
Angst? Frag doch einfach!
2022, 143 Seiten
ISBN 978-3-8252-5687-6

Fabian Kaiser, Arie van Bennekum
Scrum? Frag doch einfach!
2022, 134 Seiten
ISBN 978-3-8252-5974-7

Florian Spohr
Lobbyismus? Frag doch einfach!
2023, 199 Seiten
ISBN 978-3-8252-5688-3

Henrik Bispinck
Friedliche Revolution und Wiedervereinigung? Frag doch einfach!
2023, 185 Seiten
ISBN 978-3-8252-5445-2

Nassim Madjidian, Sara Wissmann
Seenotrettung? Frag doch einfach!
2023, 192 Seiten
ISBN 978-3-8252-6014-9

Arndt Sinn
Organisierte Kriminalität? Frag doch einfach!
2023, 204 Seiten
ISBN 978-3-8252-6100-9

Detlev Frick
Big Data? Frag doch einfach!
2023, 123 Seiten
ISBN 978-3-8252-5442-1